码上学技术·农作物病虫害快速诊治系列

水稻病虫草害
诊断与防治原色图谱

夏声广 编著

U0380599

中国农业出版社
北 京

Foreword
前　言

　　水稻是我国第一大粮食作物，全国有超过一半的农民从事水稻生产，有65％以上的人口以大米为主食。近年来，随着种植业结构调整，南方稻区早稻面积大幅度减少，单季稻和超级稻面积增加，机割面积和直播面积也扩大，稻田生态环境出现新的变化，水稻病虫草害也随之发生了较大变化。同时，随着人民生活水平的不断提高和环保意识日益增强，米要优质，又要安全卫生，水稻生产朝着超高产、优质化、营养化、无害化发展。然而病虫草的发生不仅有其广泛性、普遍性和突发性，且种类繁多，危害严重，对稻谷产量和质量安全构成了直接威胁。目前，水稻病虫草害是影响我国水稻生产的重要因素，也是农民急需解决的实际问题，又是基层农技推广的难点。水稻病虫草害原色生态图谱是普及病虫草识别知识、提高农民对病虫草害诊断与防治能力的有效手段，有助于科学地开展水稻病虫草防治，减少农药的使用量和次数，降低农药残留，提高水稻的品质和产量，确保稻米质量安全。

　　本书从水稻生产实际需要出发，总结多年来水稻病虫草害防治实践经验，吸取众家精华，力求先进性、实用性和技术集成化、"傻瓜"化，是一本普及水稻病虫草害诊断与防治的实用科普工具书。主要内容包括水稻传染性病害（真菌、细菌、病毒、线虫）、非传染性病害（生理性病害、药害、肥害）及水稻害虫、稻田害虫天敌、稻田主要杂草及其防除。全书共提供近百种水稻主要病虫害及稻田主要杂草的诊断与防治技术，共展示传染性病害27种、非传染性病害14种、害虫28种、天敌21种、杂草27种，共计400余幅高质量原色生态图谱，逼真地再现了水稻害虫不同虫态特征、不同时期和不同部位危害状，病害不同时期和不同部位的症状以及杂草和天敌的形态特征。文字简洁，通俗易懂，内容实用，图片清晰，图文并茂，形象直观，易学、易懂、易记。适合农技推广部门、农药厂商、农资供销商、庄稼医院、专业合作社、家庭农场及种粮大户使用，也可供农业高等院校学生作为参考书，或作为基层无公害稻米生产技术培训教材。

《水稻病虫草害防治原色生态图谱》出版后得到了同行和读者厚爱，先后进行了10次印刷。为更好服务"三农"，适应水稻产业发展和稻谷质量安全需要，应中国农业出版社之邀，在原有基础上扩容选优进行再版，新增30多种病虫及杂草，新增和更换了大部分图片，使图片更清晰，展现更全面；新增展示病虫田间症状及防治要点的短视频11个，给读者更直观的阅读体验；同时新增了害虫天敌和杂草内容，以更新更好的面貌呈现给读者。对在编写中提供帮助的傅强、何佳春等专家及同行表示衷心感谢！

水稻分布范围广，地区之间差别大，限于笔者实践经验和专业技术水平有限，书中遗漏之处在所难免，恳请有关专家、同行、广大读者不吝指正。

夏声广

2020年7月

Contents
目　录

水稻病害

一、水稻传染性病害

（一）真菌性病害

稻 瘟 病

病原学名：*Magnaporthe oryza*（无性阶段：*Pyricularia oryzae*）。

稻瘟病又称稻热病，俗称火烧瘟、叩头瘟，是水稻上危害最重的病害之一，尤以南方山区稻田发生较重。一般造成减产10%～20%，严重时达50%以上。

症状：根据发病部位不同可分为苗瘟、叶瘟、叶枕瘟、节瘟、穗颈瘟、枝梗瘟、谷粒瘟。其中以叶瘟发生最普遍，穗颈瘟所致损失最大。

分蘖期叶瘟发生严重造成叶片枯黄，植株矮缩

叶瘟严重时病斑连片

叶瘟田间严重发生状　　　　　　　　叶鞘发病症状

剑叶瘟症状　　　　　　　　剑叶瘟造成剑叶枯死

叶瘟　发生在秧苗和成株的叶片上，症状与苗瘟相似。叶片上的病斑因水稻抗性和气候条件不同而异，有白点型、褐点型、慢性型和急性型4种。

慢性型病斑是稻瘟病的典型病斑，似梭形。最外层为黄色圈，称中毒部，是病菌分泌毒素所致；内圈为褐色，称坏死部，细胞内充满了褐色树胶酚类物质；中央呈灰白色，称崩溃部，叶组织细胞完全被破坏。在天气潮湿时病斑能产生分生孢子。

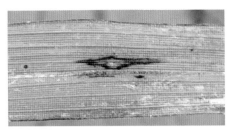

叶瘟慢性型病斑典型症状

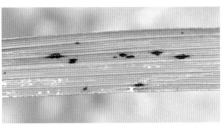

苗瘟褐点型症状

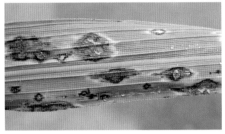

叶瘟急性型病斑

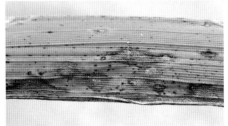

叶瘟急性型病斑上的灰色霉层

叶枕瘟　叶耳、叶舌、叶环发病的统称。叶耳很易感病，初现污绿毛，后向叶环、叶舌、叶鞘及叶片扩展，最后病部呈灰褐色，常引起叶片早枯，剑叶叶枕发病，还易引起穗颈瘟的发生。

节瘟　多发生于穗以下的第一、二节，初呈褐色的小点，以后环状扩展至整个节部，后期病节干缩凹陷，易折断，病节以上部分早枯秕谷。

叶枕瘟症状

节瘟症状

穗颈瘟及枝梗瘟　发生于穗颈、穗轴和枝梗上。初期为水渍状浅褐色小点，扩展后呈褐色或黑褐色。穗颈发病早的多形成"全白穗"，局部枝梗发病，形成"阴阳穗"，迟的则谷粒无充实，其危害轻重与感病早迟密切相关。

穗颈瘟症状　　　　　　　　　　　枝梗瘟症状

穗颈瘟造成白穗

谷粒瘟症状

谷粒瘟　发生在谷壳和护颖上。谷壳上发病早的，病斑大而呈椭圆形，中部灰白色，以后可蔓延至整个谷粒，造成灰白色的秕谷。护颖受害呈灰褐色，增加种子带菌率，是第二年苗瘟的重要初侵染源。

发病规律：病菌以菌丝和分生孢子在稻草和稻谷上越冬，翌年当气温回升到20℃左右时，遇降雨便可产生大量分生孢子。分生孢子借气流传播，也可随雨滴、流水、昆虫传播。在有水和适宜温度下，萌发形成附着胞，产生菌丝，侵入寄主，产生病斑。在适宜的温、湿度条件下，产生新的分生孢子，进行再侵染，逐步扩展蔓延。菌丝生长的最适温度为25～28℃；孢子形成的最适温度为26～28℃，并要求有90%以上的相对湿度。以日照少、雾露持续时间长、山区和气候温和的沿江、沿海地区为重。适温高湿有利于发病。以水稻4叶期至分蘖盛期和抽穗期最易感病。水稻处于感病阶段时，气温在20～30℃，尤其在24～28℃，阴雨天多，相对湿度保持在90%以上，易引起稻瘟病严重发生。氮肥施用过多或偏施、迟施，有利于病菌侵染；长期深灌或冷水灌溉，会加重发病。

防治方法：采取"狠抓两头，巧治中间"的防治策略。即狠抓苗瘟和穗瘟，巧治叶瘟。①选用抗病品种是防治稻瘟病最有效的方法。②注意品种合理搭配与适时更替。③选无病田制种或留种，处理病稻草，消灭菌源。④实行种子消毒。可用40%敌瘟磷1 000倍液浸种48小时，用清水冲洗药液后催芽、播种。⑤水稻生长前期实行浅水勤灌，适时适度烤田，后期干湿交替，促进稻叶老健；防冷僵促早发，防后期贪青猛发，增强抗病力。⑥药剂防治。当苗期或分蘖期，稻叶出现急性型病斑或有发病中心的稻田，或周围田块已发生叶瘟的感病品种田和生长嫩绿的稻田，或在孕穗末期病叶率在2%以上、剑叶发病率在1%以上的田块应及时进行喷药。常发区应在秧苗3～4叶期或移栽前5天喷药预防苗瘟。孕穗破口期（即有5%左右穗长出时）是药剂防治关键时期。穗颈瘟的防治适期在破口期和齐穗期。每亩*使用药剂20%三环唑可湿性粉剂75～100克，或75%三环唑水分散粒剂20～25克，或40%稻瘟灵乳油80～100毫升，或32.5%苯醚甲环唑·嘧菌酯悬浮剂（阿米妙收、宇龙美收）30～50毫升，或40%春雷·噻唑锌悬浮剂（碧锐）40～50毫升，或70%肟菌·戊唑醇水分散粒剂15～20克，或9%吡唑醚菌酯微囊悬浮剂60毫升，或2%春雷霉素水剂120～150毫升，加水50千克喷雾。长江中下游防治早稻穗瘟时，恰遇梅雨季节，要做到抢晴、抢雨间隙，甚至冒小雨施药。三环唑为预防性杀菌剂，一般应在病害发生前施用。

---

　　* 亩为非法定计量单位，1亩=1/15公顷。全书同。

水稻胡麻叶斑病

病原学名：*Cochliobolus miyabeanus* (Ito et Kubibay)Drechsler et Dastur。
水稻胡麻叶斑病又称水稻胡麻叶枯病。

症状：苗期发病，叶片及叶鞘上散生许多如芝麻粒大小的病斑，椭圆形或近圆形，褐色至暗褐色，病斑多时秧苗枯死。成株叶片发病初为褐色小点，渐扩大为椭圆斑，病斑中央为褐色至灰白色，边缘褐色，周围有深浅不同的黄色晕圈，严重时能相互结成不规则的大病斑。

水稻胡麻叶斑病典型病斑

水稻胡麻叶斑病前期症状

水稻胡麻叶斑病严重发生状

水稻胡麻叶斑病急性型病穗

发病规律：以菌丝和分生孢子在谷粒和稻草上越冬。一般苗期最易感病，分蘖期抗性增强，主要发生在水稻分蘖期至抽穗期。一般发生在缺肥或贫瘠的田块，缺钾肥、土壤为酸性或沙质土壤漏水严重的田块，缺水或长期积水的田块，发病重。

防治方法：①施足基肥，增施有机肥，注意氮、磷、钾肥配施，尤其是缺钾田块要增施钾肥。②做到前期浅水勤灌，适时适度烤田，后期干湿交替。③发病初期可用药防治，药剂参照稻瘟病。

水稻纹枯病

病原学名：*Thanatephorus cucumeris* (Frank)Donk。

水稻纹枯病又称云纹病，是水稻常发且危害较重的病害，具有发生面广，大发生概率高，危害重，损失大的特点。

症状：水稻秧苗期至穗期均可发生，以抽穗前后最盛。该病主要危害叶鞘、叶片，严重时侵入茎秆并蔓延至穗部。病斑最初在近水面的叶鞘上出现，初为椭圆形，水渍状，后呈灰绿色或淡褐色，逐渐向植株上部扩展，病斑常相互合并为不规则形状，病斑边缘灰褐色，中央灰白色。发病严重

水稻纹枯病叶鞘上的圆形斑和不规则斑

水稻纹枯病叶片上的云形斑

水稻纹枯病叶鞘上的云形斑

水稻纹枯病多个病斑互连成大斑

时数个病斑融合形成大病斑，呈不规则状云纹斑，常致叶片发黄枯死。叶片染病，病斑也呈云纹状，边缘褪黄，发病快时病斑呈污绿色，叶片很快腐烂，茎秆受害症状似叶片，后期呈黄褐色，易折。穗颈部受害初为污绿色，后变灰褐色，常不能抽穗，抽穗的秕谷较多，千粒重下降。湿度大时，病部长出白色网状菌丝，后汇聚成白色菌丝团，形成菌核，菌核深褐色，易脱落。高温条件下病斑上产生一层白色粉霉层，即病菌的担子和担孢子。

水稻纹枯病多个病斑连成大斑状

水稻纹枯病叶鞘上的急性型污绿色病斑

水稻纹枯病叶鞘上的病斑

水稻纹枯病剑叶叶鞘发病造成包颈

水稻纹枯病危害造成穿顶

水稻纹枯病危害造成叶片枯黄死亡

大田期水稻纹枯病初期菌核

水稻纹枯病后期蜂窝状菌核

　　发病规律: 病菌主要以菌核在稻田越冬, 菌核是最主要的初次侵染源。翌春春灌时, 菌核漂浮于水面与其他杂物混在一起, 插秧后菌核黏附于稻株近水面的叶鞘上, 条件适宜时生出菌丝侵入叶鞘组织, 气生菌丝又侵染邻近植株。水稻拔节期病情开始加重, 横向、纵向扩展, 抽穗前以叶鞘受害为主, 抽穗后向叶片、穗颈部扩展。早期落入水中的菌核也可对稻株再侵染。纹枯病是喜高温高湿的病害, 气温在20℃以上、相对湿度大于90%时, 纹枯病开始发生; 气温在28 ~ 32℃, 遇连续降雨, 病害发展迅速。早稻中后期和晚稻中期是纹枯病发生发展的盛期, 以水稻抽穗前后最烈, 以分蘖期和孕穗期最易感病。水稻施肥多, 生长茂盛嫩绿, 天气多雨时, 往往发生严重。长期灌深水, 偏施、迟施氮肥, 造成水稻嫩绿徒长, 田间郁闭, 湿度增高, 都有利于纹枯病的发展和蔓延。

　　防治方法: 采取"在插秧前消灭菌源, 插秧后加强肥水管理, 并结合发病初期防治，确保水稻倒三叶完好"的防治策略。①每季耙田后要打捞漂浮在水面的菌核，带出田外深埋或烧毁。②施足基肥，早施追肥，不偏施氮肥，增施磷、钾肥，采用配方施肥技术，使水稻前期不披叶，中期不徒长，后期不贪青。③灌水要掌握"前浅、中晒、后湿润"的原则，做到浅水分蘖，足苗露田，晒田促根，肥田重晒，瘦田轻晒，长穗湿润，不早断水，防止早衰。④药剂防治。纹枯病的防治适期为分蘖末期至抽穗期，以孕穗至始穗期防治最好，一般在孕穗期和齐穗期各防治一次。高温高湿天气要连续防治2～3次，间隔期10～15天。每亩可用药剂5%井冈霉素水剂150～200毫升，或75%肟菌·戊唑醇（宇龙稳收）10～15克，或24%噻呋酰胺悬浮剂（宇龙满库）20毫升，或32.5%苯甲·嘧菌酯悬浮剂（阿米妙收、宇龙美收）20～30毫升，或50%嘧酯·噻唑锌悬浮剂（碧叶）40～60毫升，或40%戊唑·噻唑锌悬浮剂（碧穗）60～70毫升，或40%噻呋·戊唑醇悬浮剂（宇龙美泰）30毫升，或19%啶氧菌酯·丙环唑悬浮剂（法砣）53～70毫升，或30%苯甲·丙环唑乳油（爱苗、富苗）15毫升，或18%噻呋·嘧苷素悬浮剂40毫升，加水50～75千克喷雾，施药时田间要有水层3～5厘米，并保水3～5天。

水稻小球菌核病

学名：*Leptosphaeria salvinii* Catt.。

症状：初期在近水面的叶鞘上形成黑褐色小病斑，然后向上、下扩展成为黑色的细条线。病斑在扩大的同时，病菌侵染到叶鞘内部及茎秆，生成同样的黑色条斑，最后使茎秆基部变黑腐杇。病株上部失去光泽，叶片青萎、枯黄，稻穗发白，谷粒空瘪；重时病株软化，倒伏。剥开病部可见叶鞘和茎内有无数黑色细小菌核。病较轻者，茎基节间淡褐色，茎内仅见白色菌丝。

发病规律：病菌以菌核在稻草、稻桩上或散落在土壤中越冬。病菌发育适宜温度为25～30℃，大田通常在分蘖期开始发生，孕穗以后病情逐渐加重，抽穗至乳熟期发展最快，受害也最重。在双季稻区，如5～6月及8～9月降雨多，湿度在90%以上，有利于发病；氮肥施用过多过迟，磷、钾肥缺少则发病重；田间后期断水过早，特别是孕穗至抽穗灌浆期田间缺水，遇干旱，会加重发病；一般籼稻比粳稻发病轻，单季晚稻发病最重，连作晚稻次之，早稻较轻。

水稻小球菌核病大田发病状

水稻小球菌核病初期茎上的纵向条斑　　　水稻小球菌核病中期不规则形大斑

水稻小球菌核病后期茎秆基部　水稻小球菌核病初期菌核　水稻小球菌核病后期菌核
变黑软腐

防治方法：①选用抗病良种。②加强肥水管理是防治菌核病的关键，要杜绝后期过早断水。③提倡青稻草还田，增施钾肥，返青分蘖期每亩施氯化钾7.5～10千克。④水稻圆秆拔节期和孕穗期结合纹枯病进行防治。药剂参考纹枯病。

水稻小黑菌核病

病原学名：*Helminthosporium sigmoideum* Gav. var. *irregular* Cralley et Tullis。

症状：主要侵害水稻的叶鞘和茎。病斑褐色，椭圆形，常相互连接成大病斑，中心灰褐色，边缘褐色，分界明显。茎部受害变褐枯死，一般不倒伏。后期在叶鞘组织或茎秆内形成小的球形或圆柱形菌核。

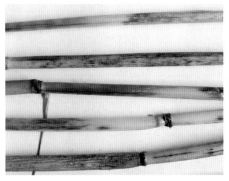

水稻小黑菌核病危害茎基部节间形成的纵细黑条

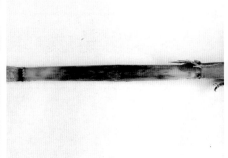

水稻小黑菌核病受害部位节上生出的不定根

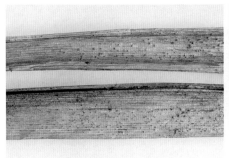

水稻小黑菌核病叶鞘症状

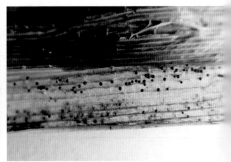

水稻小黑菌核病叶鞘内部的菌核

发病规律：病菌以菌核在稻草、稻桩上或散落在土壤中越冬。第二年整地灌水时，菌核浮在水面，当气温回升时，菌核萌发产生菌丝，病菌可由叶鞘的表面直接侵入或由伤口侵入。病菌发育适宜温度为25～32℃，在双季稻区如5～6月及8～9月降雨多，湿度在90%以上，有利于发病；氮肥施用过多过迟是引起发病的重要原因；田间后期脱水过早，特别是孕穗到抽穗灌浆期田间缺水，遭遇干旱，会加重发病；长期深水、排水不良的田块发病也重。稻飞虱、叶蝉等害虫危害削弱了水稻的抗病力，将加重菌核病的发生。

防治方法：①农业防治。选用抗病良种，特别是加强肥水管理，是防治菌核病的关键。肥水管理同稻瘟病。②如发现稻株失去光泽，稻穗发白，出现萎蔫现象，应立即灌水抢救，以减轻发病。③药剂防治。拔节孕穗期结合调查纹枯病，如发现菌核病危害蔓延，应及时用药防治。药剂可参考纹枯病，注意药液要喷至下部叶鞘上。

水稻恶苗病

病原学名：*Gibberella fujikuroi* Wollenw.（**无性阶段**：*Fusarium moniliforme* Sheld）。

水稻恶苗病又称徒长病。

症状：病谷粒播后常不发芽或不能出土。苗期发病病苗比健苗细高，叶片叶鞘细长，叶色淡黄，根系发育不良，部分病苗在移栽前死亡。在枯

水稻恶苗病秧苗期症状

水稻恶苗病病株比正常植株高，全株淡黄绿色

水稻恶苗病孕穗期症状

早稻恶苗病后期病株枯死

早稻恶苗病后期病株枯死

水稻恶苗病病株高节位倒生气生根

水稻恶苗病穗期危害造成穗短而小

死苗上有淡红或白色霉粉状物，即病原菌的分生孢子。本田发病，节间明显伸长，节部常有弯曲，露于叶鞘外，下部茎节逆生不定须根，分蘖少或不分蘖。剥开叶鞘，茎秆上有暗褐条斑，剖开病茎可见白色蛛丝状菌丝，以后植株逐渐枯死。湿度大时，枯死病株表面长满淡褐色或白色粉霉状物，后期生黑色小点即病菌子囊壳。病轻的提早抽穗，穗形小而不实。

发生规律：病菌主要以菌丝和分生孢子在种子内外越冬，带菌种子和病稻草是该病发生的初侵染源，伤口是病菌侵染的重要途径。病菌在干燥条件下可存活2～3年。浸种时带菌种子上的分生孢子污染无病种子而传染，严重的引起苗枯。病株上产生分生孢子，经风雨传播，从健株伤口侵入引起再侵染。带菌稻秧定植后，菌丝体遇适宜条件可扩展到整株，刺激茎叶徒长。花期病菌传播到花器上，侵入颖片和胚乳内，造成秕谷或畸形，在颖片合缝处产生淡红色粉霉。一般旱育秧较水育秧发病重；籼稻较粳稻发病重，糯稻发病轻，晚播田发病重于早播田。

防治方法：①建立无病留种田，选栽抗病品种。②种子消毒前需先晒种、用清水选种，剔除病、秕粒。③做好种子处理是关键，拔秧时要尽可能避免损根。杂交稻种子可用25%咪鲜胺乳油1 500～2 000倍液浸种12～24小时，为确保效果，浸种时间不得少于12小时；常规稻种子浸种48～72小时，浸种后直接催芽，或用25%氰烯菌酯悬浮剂2 000～3 000倍液（即每毫升药剂加水2～3千克）浸种，先搅拌均匀形成药液后，再浸入干种子，以浸没一段时间后全部种子不露出水面为准。稻种与药液比为1：1.2，温度控制在15～20℃，一般浸2天，浸种后直接催芽播种。④及时拔除病株，收获后处理病稻草。

稻曲病

病原学名：*Ustilaginoidea virens* (Cooke)Tak．。

稻曲病又称伪黑穗病、绿黑穗病、谷花病和青粉病。我国南北水稻产区均有发生，已由次要病害上升为主要病害。不仅影响产量，降低千粒重，还污染稻谷，影响人体健康。

症状：先危害个别谷粒，在内形成菌丝块，逐渐增大，使内外颖稍张开，露出淡黄绿色块状物(即孢子座)，后逐渐膨大，包裹内外颖两侧，呈黑绿色，内层橙黄色，中心白色；以后龟裂，散出墨绿色粉末，即厚垣孢子。一般病穗在水稻齐穗后4～5天可始见，8～10天后为发病高峰，高峰期病穗数占总病穗的75%以上，到15天左右病穗全面出现。

　　发病规律：病菌以菌核落入土内或以厚垣孢子在被害的谷粒内及健谷颖壳上越冬。翌年7～8月菌核开始抽生子座，产生大量子囊孢子和分生孢子，并随气流传播散落于稻株叶片上，主要随水稻破口期侵入花器及幼器，造成谷粒发病。水稻在抽穗扬花时遇到低温多雨，日平均气温25～28℃，雾大露水重，特别是有3～5天连阴雨的天气，稻曲病发生重。病粒发生以穗的中下部为主，上部次之。一般大穗、密穗型品种及晚熟品种发病率高、发病重。抽穗速度慢、抽穗期长的品种发病时间长，且发病重。偏施或重施氮肥以及穗肥用量过多、过迟造成贪青，不施磷、钾肥，田间郁蔽严重，通风透光差，湿度高，病害发生重。淹水、串灌、漫灌，发生重。粳稻发病程度重于籼稻，杂交稻重于常规稻，杂交稻及杂交稻制

稻曲病前期块状突起物（孢子座）未裂开

稻曲病前期症状

稻曲病病穗

稻曲病谷粒露出黄色块状物

稻曲病严重发生状

稻曲病病球表面龟裂

稻曲病防治适期时的水稻物候期

种田发生重。

　　防治方法：做好种子消毒和抓住水稻关键生育期施药是防治稻曲病的有效措施。①播种前进行种子消毒。②防治适期必须掌握在破口前 7 ～ 10 天(可根据植株外观，当田间 20％ 左右水稻剑叶叶环与剑叶下一叶的叶环持平或剑叶叶环高于剑叶下一叶叶环 1 厘米时)，对于抽穗不整齐、抽穗期长的品种，在破口期(破口 50％ 左右)进行第二次用药防治。每亩用 75％ 肟菌·戊唑醇（拿敌稳、宇龙稳收）10 ～ 15 克，或 19％ 啶氧菌酯·丙环唑悬浮剂 53 ～ 70 毫升，或 30％ 苯甲·丙环唑乳油（富苗）15 毫升，或 40％ 井冈·蜡芽菌 60 ～ 100 克(1 000 ～ 2 000 倍液)，或 12.5％ 氟环唑悬浮剂（宇龙赛欧）50 毫升，或 75％ 戊唑·嘧菌酯水分散粒剂 10 ～ 12 克，或 3％ 井冈·嘧苷素浓缩型（苗腾）200 克。

水稻叶鞘腐败病

病原学名：*Sarocladium oryzae* (Sawada) W. Gams et Webster, 异名：*Acrocylindrium orgzae*。

症状：秧苗期至抽穗期均可发病。幼苗染病，叶鞘上产生褐色病斑，边缘不明显。分蘖期染病，叶鞘上或叶片中脉上初生针头大小的深褐色小点，向上、下扩展后形成菱形深褐色斑，边缘浅褐色。叶片与叶脉交界处多出现褐色大片病斑。孕穗至抽穗期染病，剑叶叶鞘先发病且受害严重，叶鞘上生褐色至暗褐色不规则病斑，中间色浅，边缘黑褐色较清晰，严重的出现虎斑纹状病斑，向整个叶鞘上扩展，导致叶鞘和幼穗腐烂。湿度大时病斑内外出现白色至粉红色霉状物，即病原菌的子实体。

水稻叶鞘腐败病症状

发病规律：病菌以菌丝体和分生孢子在病稻草及种子上越冬。以分生孢子为初侵染与再侵染源，借气流或小昆虫等传播，从寄主伤口侵入致病。孕穗期降雨多或雾大露重则发生重，温暖多湿的天气有利于发病，晚稻孕穗至始穗期遇寒露风则更容易受害。穗肥施氮过多、过迟致贪青的易受害。杂交稻特别是杂交稻制种田，比常规稻易发病。

防治方法：①播种前用药处理稻种，做好治虫防病。②妥善处理病稻草。③避免偏施氮肥，适当增施磷、钾肥。④按稻株生育阶段管好水层，适当排水露、晒田，使植株生长健壮，后期不贪青。⑤喷药控病。可结合防治纹枯病一起进行，尤其抓住分蘖盛期至拔节前后喷药保护，着重喷植株中下部。药剂同稻叶黑粉病。

稻叶黑粉病

病原学名：*Entyloma oryzae* Syd.。

稻叶黑粉病又称水稻叶黑肿病，在我国中部和南部稻区发生普遍，主要危害叶片。

症状：在叶的两面都可发病。在叶片上沿叶脉出现黑色短线状条斑，稍隆起，宽度局限于叶脉之间，条斑周围变黄，重病时叶片线斑密布，有的互相连合为小斑块，致使叶片提早枯黄，甚至叶尖破裂成丝状。发病多自植株下部开始，逐渐向上部叶片扩展。

稻叶黑粉病危害叶片沿叶脉出现黑色短线状条斑

稻叶黑粉病危害的叶片提前枯黄

发病规律：病菌以菌丝体和冬孢子堆在病稻草上越冬，翌年夏季萌发产生担子和担孢子，借气流传播入侵致病。土壤瘠薄、缺肥，尤以缺磷、钾肥的稻田和生长不良的田块叶片发病重。杂交稻较常规稻易感病。

防治方法：①加强肥水管理，促植株稳健生长，避免出现早衰现象，尤其要注意适当增施磷、钾肥，提高植株抗病力。②妥善处理病草，避免病草回田作肥。③一般情况下不必单独喷药防治。在孕穗末期，病情上升初期，病丛率达30%以上即应喷药防治。药剂

稻叶黑粉病严重发生状

可选用10%苯醚甲环唑水分散粒剂45 ～ 60克，或15%三唑酮可湿性粉剂50 ～ 75克，或40%三唑酮·多菌灵可湿性粉剂（禾枯灵）75 ～ 100克，加水50 ～ 60千克。

稻粒黑粉病

病原学名：*Tilletia barclayana* (Bref.) Sacc. et Syd.。

稻粒黑粉病俗称乌谷、乌米谷、黑穗病，分布在我国长江流域及以南地区。

症状：主要发生在水稻扬花至乳熟期，只危害谷粒，每穗受害1粒或数粒乃至数十粒，一般在水稻近成熟时显症。染病稻粒呈污绿色或污黄色，其内有黑粉状物，成熟时腹部裂开，露出黑粉，病粒的内外颖之间具1黑色舌状凸起，常有黑色液体渗出，污染谷粒外表。扒开病粒可见种子内局部或全部变成黑粉状物，即病原菌的厚垣孢子。

稻粒黑粉病严重发生状　　　　　　　稻粒黑粉病病粒

发病规律：病菌以病粒散出的厚垣孢子在土壤中和种子内越冬，属单循环病害，只有初侵染而没有再次侵染。气温高于20℃，湿度大，通风透光条件下，厚垣孢子即萌发，产生担孢子及次生小孢子，借气流传播到抽穗杨花的稻穗上，侵入花器或细嫩的种子，在谷粒内繁殖产生厚垣孢子。病菌从水稻抽穗到乳熟期均可侵染，但盛花期是主要侵染时期。杂交水稻制种田发病重，尤其是父母本花期相遇差，花期长的发病重；水稻抽穗扬花期遇到多雨和露水大时发病重。施用氮肥过多，也会加重病害发生。

防治方法：①实行检疫，严禁带菌稻种传入无病区。②实行2年以上轮作。③以种子带菌为主的地区播种前可用三唑酮、多菌灵进行种子消毒。④避免偏施、过施氮肥，制种田力求做到花期相遇，孕穗后期喷洒赤霉素等，可减轻发病。⑤在始穗和齐穗期各施1次药，药剂参考稻叶黑粉病。

水稻颖枯病

病原学名：*Phoma glumarum* (Ellis et Tracy) I. Miyake，**异名**：*Phyllosticta glumarum*。

水稻颖枯病又称稻谷枯病。仅侵染谷粒颖壳，发病早的可使稻株不能结实；发病迟的则影响谷粒灌浆充实，千粒重明显降低。在我国以南方稻区为多见，一般发生危害不重。

症状：受害谷粒，初在尖端或侧面生褐色椭圆形小斑点，边缘不清晰，后渐扩展到谷粒的大半部分或全部，同时，病斑中部色泽开始变浅，最后呈灰白色，上生许多黑色小点(病菌的分生孢子器)。病部组织脆弱，很易

水稻颖枯病症状

破碎。稻穗于开花及乳熟初期受害的，往往造成花器干枯和秕谷现象；于乳熟后期受害的，会引起米粒变小，米质下降；在接近成熟时受害的，一般仅在谷粒上略显变色或呈褐色小点，对产量影响不大。

发病规律：病菌以分生孢子器在稻谷上越冬，以分生孢子作为初次侵染源，借风雨传播，当水稻抽穗后，侵害花器或幼颖，以抽穗后15～20天发病最盛。通常在水稻开花前后如遇暴风雨，稻穗互相摩擦，谷粒易受伤，有利于病菌从伤口侵入而发病重；偏施、过施或迟施氮肥，植株贪青晚熟，也增加被侵染机会；一般倒伏田地面温、湿度较高，有利于病苗孢子发芽侵染，病粒增多；冷水灌溉的田块，发病也较多。

防治方法：①选用无病种子，进行稻种消毒是防治该病简单而有效的方法。药剂和方法参考稻瘟病。②加强肥水管理，避免偏施、迟施氮肥，增施磷、钾肥；适时适度露晒田，使植株转色正常，稳生稳长，延长根系活力，防止倒伏。③在水稻孕穗后期至抽穗杨花期或发病初期进行防治，或结合穗颈瘟进行喷药保护。药剂可参考稻瘟病。

水稻霜霉病

病原学名：*Sclerophthora macrospora* (Saccardo) Thirumalachar。

水稻霜霉病又称稻黄化萎缩病。

症状：秧田后期开始显症，分蘖盛期症状明显。初期叶片上生黄白色小斑点，后形成不规则的条纹和斑驳花叶。有时并生皱槽，通常不直立。病株心叶淡黄色，弯曲或捻转，不易抽出，下部老叶逐渐枯死，根系发育不良，植株矮缩。受害稻穗常被叶鞘包裹，不能正常抽穗，穗小不实，有时小穗退化为叶状。发病早的病株渐枯死，发病迟的虽不枯死，但不抽穗或抽畸形穗。

发病规律：病菌以卵孢子随病残体在土壤中越冬，翌年卵孢子萌发，借水流传播，水淹条件下卵孢子产生孢子囊和游动孢子，游动孢子活动停止后很快产生菌丝侵害水稻。卵孢子以15 ~ 20℃为最适。秧苗期是水稻主要感病期，主要在秧苗3叶期以及受水淹后2 ~ 3周易发生，秧田后期及本田前期发病重。大田病株多从秧田传入。秧田淹水、暴雨或连阴雨天气发病重；低温有利于发病。

水稻霜霉病病株

水稻霜霉病孕穗期大田发病状

水稻霜霉病病叶叶脉弯曲或皱缩

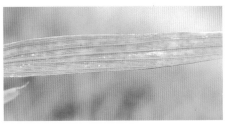

水稻霜霉病叶片上生黄白色圆形或
椭圆形斑

水稻霜霉病心叶褪绿变黄

水稻霜霉病病株心叶发黄、叶片矮缩严重、
弯曲或扭转

水稻霜霉病病株（右）
与健株（左）对比

水稻霜霉病病株（左）与健株（右）根系对比

防治方法：①选用地势较高田块作秧田，在水稻生长期间，避免秧田及本田灌深水或淹水。②发现病株及时拔除，做到带病秧苗不下田，集中作堆肥或烧毁，控制病害蔓延。③发病初期用药防治。药剂可选25%烯酰吗啉可湿性粉剂800～1 000倍液，或72%霜脲氰·代森锰锌可湿性粉剂700倍液，或64%噁霜灵·代森锰锌可湿性粉剂600倍液，或58%甲霜灵·锰锌、70%乙膦·锰锌可湿性粉剂600倍液，或72.2%霜霉威水剂800倍液，在秧田和本田病害初发期喷雾防治。

水稻穗腐病

病原学名：*Fusarium proliferatum*, *Bipolaris australiensis*, *Curvularia lunata*, *Alternaria tenuis*等。

水稻穗腐病又称水稻谷枯病，主要发生在长江中下游籼、粳稻混栽稻区和东北粳稻区。不但影响产量，还会改变稻谷外观，降低稻米品质，对食用者的安全、健康构成危害。

症状：一般水稻抽穗扬花期的穗部颖壳感病。初期上部小穗颖壳尖端或侧面产生椭圆形小斑点，后逐渐扩大至谷粒大部或全部。谷粒初期为铁锈红色，后逐渐变为黄褐色或褐色，水稻成熟时变为黑褐色。小穗排列紧密的谷粒间往往有灰白色菌丝体产生，其上有时出现红色粉状物，病粒质脆，易捏碎。局部病穗有白色的霉层。随着病情的发展，病粒所在的枝梗和穗轴也渐变成红褐色。发病早而重的稻穗不能结实，造成白穗；发病迟的则影响谷粒灌浆，造成瘪粒，降低千粒重。

水稻穗腐病症状

水稻穗腐病谷粒间灰白色菌丝体　　　　　　水稻穗腐病症状

　　水稻穗腐病病谷　　　　　　水稻穗腐病病粒上的红色粉状物

发生规律：穗腐病由多种真菌引起，包括层出镰孢(*Fusarium proliferatum*)、澳大利亚平脐蠕孢 (*Bipolaris australiensis*)、新月弯孢 (*Curvularia lunata*) 和细链格孢 (*Alternaria tenuis*) 等，但以 *F. proliferatum* 为主。病原菌在病粒上越冬，可由种子带菌，来年水稻抽穗扬花时病原菌孢子随风雨飘落到水稻颖壳开口处萌发侵入谷粒，只侵染花器和幼颖，以抽穗后15～20天最盛。水稻穗腐病发生、流行和危害与水稻品种（组合）有很大关系。一般粳稻、籼/粳杂交稻比籼稻和籼型杂交稻易感病，大穗、紧穗型品种（组合）比穗型松散的易感病，扬花灌浆期长的比短的易感病。随着气候、耕作栽培制度变化，施肥量特别是氮肥用量的增加、品种更替等，穗腐病迅速上升，特别是水稻孕穗后期－抽穗扬花期如遇阴雨高湿、温暖天气该病发生危害重。

　　防治方法：①选用不带菌种子或进行种子处理。病田留种应用相对密度1.18的盐水来选种，然后进行消毒处理。②延迟播种。由于穗腐病最适发病期都在水稻抽穗扬花期前后，所以适当延迟播种可以避免水稻抽穗开花期与高温高湿天气相遇，从而减轻病害的发生和危害。③合理进行水肥管理。采取"寸水活棵、中期浅水勤灌、后期干湿交替"的管理措施，避免偏施或多施氮肥。④减少初侵染源，及时清除病田间的残留物。⑤药剂防治。穗腐病病原菌的侵染时期一般在水稻破口期至抽穗期的7～10天，症状表现一般在齐穗后4～5天。当病症出现时已错过了最佳防治时期，防治效果很差或几乎无防治效果。因此，需在孕穗后期用药进行第1次保护，视天气情况于抽穗-乳熟期再防治一次，如遇连阴雨天气需抓住阴雨间隙进行防治。药剂可选25%咪鲜胺乳油1 500倍液，或30%苯醚甲环唑水分散粒剂2 000～3 000倍液，或30%苯醚甲环唑·丙环唑乳油15～20毫升等。如遇连续阴雨，需在雨前或阴雨间歇期加大剂量防治。

水稻秧苗绵腐病

　　病原学名：*Achlya prolifera* (Nees) de Bary, *Pythium oryzae* Ito et Tokun。

　　症状：绵腐病多发生于育秧前期，秧板不平，遇持续低温阴雨而使秧田积水时出现。主要危害幼根和幼芽，先在幼苗基部长出白色胶状物，后变成放射状白色物，最后呈黄色绵状物，致使种子腐烂，幼苗变黄褪色枯死，俗称"水杨梅"。秧田初期为点片发生，若遇低温绵雨或厢面秧板长期淹水，如未及时防治，便迅速向四周蔓延而成片腐烂死苗。

　　发病规律：病菌主要有层出绵霉（*Achlya prolifera*）和稻腐霉（*Pythium oryzae*）。腐霉菌在土壤中普遍存在，以菌丝或卵孢子在土壤中越冬，条件适宜时产生游动孢子囊，借水流传播。开始时零星发生，以后迅速向四周蔓延，严重时出现整片稻秧死亡。绵腐病多发生在3叶期前长期淹水的湿润苗床。播种后遇低于10℃的低温，秧苗根系活力减退，吸水吸肥能力下降，引起根系生长缓慢，秧苗抗性下降，病菌便乘虚而

水稻秧苗绵腐病症状

水稻秧苗绵腐病造成烂秧

水稻秧苗绵腐病症状

入，侵染秧苗，造成烂秧。秧苗3叶期前后，气温愈低，持续的时间愈长，烂秧就愈严重。稻苗幼芽长到1.5厘米长时最易发生此病。

防治方法：①1叶展开后可适当灌浅水，2～3叶期以保温防寒为主，要浅水勤灌。寒潮来临要灌"拦腰水"护苗，冷空气过后转为正常管理。②农业防治同生理性烂秧。③药剂防治。发病初期可用0.1%硫酸铜溶液喷雾防治，并能兼治青苔，或每亩用草木灰25千克撒施，或70%敌磺钠可湿性粉剂1 000倍液，或25%甲霜灵可湿性粉剂800～1 000倍液。

水稻秧苗立枯病

病原学名：*Fusarium* sp., *Rhizoctonia solani* Kühn.。

症状：幼芽或幼根变褐、扭曲、腐烂；2～3叶期，病苗根色暗白，出现断续黄褐色坏死，茎基部变褐，软化腐烂，叶片叶尖不吐水，随后心叶萎垂卷缩，下叶随后萎蔫筒卷，全株逐渐黄褐枯死，或迅速萎蔫青枯，秧苗基部与根部很易拔断。在天气骤晴时，幼苗迅速表现青枯，心叶及上部叶片枯萎。早期发病幼苗叶色青绿，秧苗枯萎，整株腐烂。后期发病心叶先萎垂卷缩，茎基腐烂，软化，全株黄褐枯死，病苗基部可见赤色、粉红色或白色的霉状物。开始时零星发生，以后逐渐向四周蔓延，严重的成簇、成片死亡。病苗在插秧后本田出现成片青绿枯死。

水稻秧苗立枯病危害造成叶片枯黄

水稻秧苗立枯病危害叶片萎蔫筒卷，后枯死

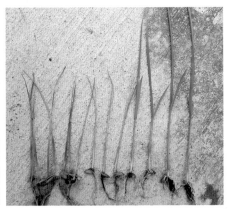

水稻秧苗立枯病病株（左）与健株（右）对比

发病规律： 水稻秧苗立枯病属于土传病害，是由多种病原菌侵染而引起的，主要有镰孢菌属和丝核菌属的立枯丝核菌。镰孢菌一般以菌丝和厚垣孢子在多种寄主的病残体及土壤中越冬，能在土壤中长期营腐生生活。条件适宜时产生分生孢子，借气流传播，侵染危害。多发生于幼苗2.5叶期前后。丝核菌在寄主病残体或土壤中越冬，靠菌丝在幼苗间蔓延传播，主要在发生在湿润秧田。低温、阴雨、光照不足是诱发立枯病的重要条件，在苗高3.3～6.6厘米时，最易发病。如天气持续低温或阴雨后暴晴，土壤水分不足，幼苗生理失调，病害发生加重。

防治方法：①农业防治同生理性烂秧。②药剂防治。秧苗发生立枯病时，在发病初期用65%的敌磺钠可湿性粉剂500～700倍药液进行喷施，抢治浓度为300～500倍液。用药前先在早晨排出秧田积水，待下午4时左右畦面稍干后，用喷雾器粗喷或用洒水壶浇洒于畦面，尽量使药液全部渗入土内。用药后两天内不要灌水。每平方米也可用97%噁霉灵粉剂1克。发生严重的隔5～7天可再喷施一次。

（二）细菌性病害

水稻白叶枯病

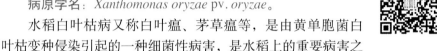

病原学名：*Xanthomonas oryzae* pv. *oryzae*。

水稻白叶枯病又称白叶瘟、茅草瘟等，是由黄单胞菌白叶枯变种侵染引起的一种细菌性病害，是水稻上的重要病害之一。以江淮丘陵和沿江江南稻区受害最重。发病轻时一般减产5%～10%，病重时则减产20%～30%，如果病害大流行往往造成颗粒无收。抽穗前发病，顶叶枯死，往往造成瘪粒，同时青米粒也增加，千粒重降低，对产量影响很大，灌浆后发病则影响较小。

症状：病菌主要危害叶片，在秧苗期即可发生。早稻秧苗期因温度较低，病情发展缓慢，不表现症状。秧苗在高温下显症，连晚秧苗侵染后，病斑短条状，发生于下部叶片，形小而狭，扩展后叶片很快枯黄凋萎。带

水稻白叶枯病前期症状

水稻白叶枯病后期症状

病秧苗移栽大田后只要条件适宜，就会发病成为中心病株，进而扩展为发病中心。该病症状主要有以下几种类型：

叶缘型：是成株期的典型症状，也是一种慢性症状。由于病菌多从水孔侵入，病害大多从叶尖或叶缘开始，最初形成黄绿色或暗绿色斑点，随即扩展为短条斑，然后沿叶缘两侧或中肋向上下延伸，并加宽加大形成波状（籼稻不明显）或长条状斑，可达叶片基部和整个叶片，在发展过程中，由于品种反应不同，病斑黄色或略带红褐色，最后变灰白色（多见于籼稻）或黄白色（多见于粳稻），病健部分界明显。空气湿度高时，特别在雨后、傍晚或清晨有露水时，病叶上有蜜黄色的珠状菌脓溢出，干燥后变硬，呈球状。

水稻白叶枯病叶缘型症状

水稻白叶枯病叶缘型大田症状

水稻白叶枯病叶枯型的菌脓　水稻白叶枯病边缘型的菌脓　水稻白叶枯病边缘型干涸的菌脓

　　中脉型：水稻自分蘖期或孕穗期开始，在剑叶或其下1、2叶，少数在3叶的中脉伤口开始表现淡黄色症状，沿中脉向上下蔓延，可上达叶尖，下至叶鞘，并向全株扩展，成为中心病株。

　　急性型：主要在多肥栽培，感病品种或温、湿度适宜(如连续阴雨、高温闷热)的情况下发生，病叶产生暗绿色病斑，扩展使叶片变灰绿色，迅速失水，向内卷曲青枯，病部也有珠状溢脓。此种症状的出现，表示病害正在急剧发展。

水稻白叶枯病中脉型症状　　　　　水稻白叶枯病急性型症状

凋萎型：一般不常见。先于苗期感染，秧田后期和本田返青分蘖期间，病株最明显的症状是心叶或心叶下1～2叶失水，并以主脉为中心，从叶缘向内紧卷不能展开，最后枯死，很像螟害造成的枯心。病苗移栽后30天左右，叶片枯萎，并向其他分蘖扩展，病叶迅速失水、青枯，起初在分蘖期

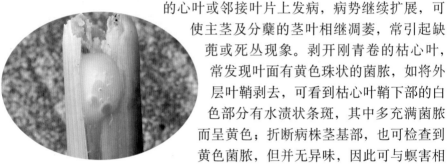

的心叶或邻接叶片上发病，病势继续扩展，可使主茎及分蘖的茎叶相继凋萎，常引起缺蔸或死丛现象。剥开刚青卷的枯心叶，常发现叶面有黄色珠状的菌脓，如将外层叶鞘剥去，可看到枯心叶鞘下部的白色部分有水渍状条斑，其中多充满菌脓而呈黄色；折断病株茎基部，也可检查到黄色菌脓，但并无异味，因此可与螟害相区别。

水稻白叶枯病凋萎型茎节部挤压后的菌脓

水稻白叶枯病凋萎型症状

发病规律：病菌主要在稻种、稻草和稻桩上越冬。带菌种子、带病稻草和残留田间的病株稻桩是主要初侵染源。带菌种子是远距离传播的主要渠道，播种后病菌由叶片水孔、伤口侵入，形成中心病株，借风雨、灌水、昆虫、农事操作等传播蔓延，可引起连片发病。

晚稻在3～4叶期就可表现症状。秧田期淹水，秧苗被感染的机会增多，淹水没顶次数越多，时间越长，秧苗带菌率越高。当带菌秧苗移栽到大田后，于分蘖末期稻株抗病力下降时开始发病，成为中心病株。以后又在病株的病部产生大量的菌脓，借灌溉水和暴风雨传播，不断进行再侵染，

使病害在田间不断扩大蔓延。高温高湿、多露、台风、暴雨是病害流行条件；台风、暴雨造成大量伤口，有利于病菌的侵入与传播，更易引起病害暴发流行。稻田深水灌溉、洪涝淹水、串灌漫灌、氮肥过多、生长过旺、土壤酸性都有利于病害发生。受淹时间越长，次数越多，发病越重。串灌、漫灌致使病原菌随水流传播，扩大危害。地势低洼、排水不良或沿江河一带的地区发病也重。稻株抗病力一般在分蘖末期开始下降，以水稻孕穗期最易感病，分蘖期次之。一般中稻发病重于晚稻，籼稻重于粳稻。矮秆阔叶品种重于高秆窄叶品种，不耐肥品种重于耐肥品种。长江中下游地区白叶枯病流行季节早稻为 6～7 月，中稻为 7～8 月，晚稻为 8 月中旬至 9 月中旬。

防治方法：防治白叶枯病必须采取以抗病良种为基础，杜绝病菌来源为前提，秧苗防治为关键，肥水管理为重点，在初发病期施药防治为辅助的综合措施。①加强植物检疫，禁止随意调运种子，不要从病区引种。引种时要严格地进行种子检验。②选用抗病品种是防治白叶枯病最经济有效的途径。③建立无病留种田，进行种子处理。可用 20%噻唑锌悬浮剂（碧生）250 倍液，或 20%噻菌铜悬浮剂 300 倍液，浸种后晾干播种。④严格处理病稻草。清理病田稻草残渣，病稻草不可直接还田，田间病草和晒场秕谷、稻草残体应尽早处理；不用病草扎秧、覆盖、堵塞稻田水口等。⑤搞好秧田管理，培育无病壮秧。秧田应选择地势高、无病，排灌方便，远离稻草堆、打谷场和晒场地，连作晚稻秧田还应远离早稻病田。在秧田期要防止淹水，切勿串灌、灌深水。⑥善管肥水。健全排灌系统，实行排灌分家，不准串灌、漫灌、严防涝害；按叶色变化科学用肥，配方施肥，使禾苗稳生稳长，壮而不过旺、绿而不贪青。⑦药剂防治。防治水稻白叶枯病的关键是早发现、早防治，封锁或铲除发病株和发病中心。秧田在秧苗 3 叶期及拔秧前 3～5 天用药；发病株和发病中心，大风暴雨后的发病田及邻近稻田，受淹和生长嫩绿的稻田，是防治的重点。大田在水稻分蘖期及孕穗期的初发阶段，特别是出现急性型病斑，气候有利于发病时，应立即施药防治。发现一点，治一块，防一片。每亩可选用药剂 20%噻菌铜悬浮剂（龙克均）100～120 克，或 20%噻唑锌悬浮剂（碧生）100～125 毫升，或 20%噻森铜悬浮剂 120～130 克，或 2%宁南霉素水剂 250 毫升，以上药剂加水 50 千克喷雾。隔 7～10 天喷一次，连喷 1～2 次。

水稻细菌性条斑病

病原学名：*Xanthomonas oryzae* pv. *oryzicola* (Fang et al.) Swings。

水稻细菌性条斑病简称细条病，是由黄单胞菌栖稻致病变种引起的一种细菌性病害，是国内植物检疫对象之一。

症状：叶片病斑初为暗绿色、水渍状、半透明小点，后迅速在叶脉间扩展成初为暗绿色、后变黄褐色的细条斑，条斑宽约1毫米，长10毫米以上。病斑表面常分泌出许多露珠状的蜜黄色菌脓，干结后呈黄色树胶状小粒。发病严重时，条斑融合成为不规则的黄褐色至枯白色大斑块，对光观察可见许多透光的细条。病害流行时叶片卷曲，田间呈现一片黄白色。

水稻细菌性条斑病不同时期的细条形病斑　　　　水稻细菌性条斑病病叶

水稻细菌性条斑病严重时可致叶片枯黄　　　　水稻细菌性条斑病后期叶片症状

水稻细菌性条斑病大田严重发生状　　　　水稻细菌性条斑病病斑融合
成斑块

水稻细菌性条斑病发病　　　水稻细菌性条斑病叶片上　　　水稻细菌性条斑病叶片上
叶片可见许多透光的细条　　　多而小的菌脓　　　　　　　干涸的菌脓

　　发病规律：病菌主要在稻种和稻草中越冬，成为主要初侵染源。带菌种子的调运是远距离传播的主要途径。病粒播种后，病菌侵害幼苗的芽鞘和叶鞘，插秧时又将病秧带入本田，病菌主要通过灌溉水和雨水接触秧苗，从气孔或伤口侵入。在潮湿条件下，病斑表面溢出菌脓，借风、雨、水、农事操作及叶片接触和昆虫等进行再侵染，病害蔓延传播。高温、高湿有利于病害发生。台风暴雨及洪涝侵袭，造成叶片大量伤口，病害就容易流行。长期灌深水以及偏施、迟施氮肥发病也较重。籼型杂交稻比常规稻感病，矮秆品种比高秆品种感病。对白叶枯病抗性好的品种大多也抗细条病。一般晚稻发病重于早稻，后期水稻易发病蔓延；晚稻在孕穗、抽穗阶段发病严重。长江中下游地区一般于6～9月间最易流行。

防治方法：①加强检疫，尤其做好制种田孕穗期产地检疫，严禁从疫区调种、换种，防止调运带菌种子而远距离传播。②选用抗（耐）病品种。③种子消毒处理。可采用温汤浸种的办法，稻种在50℃温水中预热3分钟，然后放入55℃温水中浸泡10分钟，期间，至少翻动或搅拌3次。处理后立即取出放入冷水中降温，可有效地杀死种子上的病菌。也可用20%噻菌铜悬浮剂300倍液，或20%噻唑锌悬浮剂（碧生）250倍液浸24～48小时，晾干播种。④栽培管理。抓好以管水为中心的田间管理，做好渠系配套，排灌分家，浅水勤灌，防止串灌、漫灌和灌深水，适时晒田。在施肥上应掌握施足基肥、早施追肥及巧施穗肥；避免偏施、迟施氮肥，配合磷、钾肥，采用配方施肥技术，以增强植株抗病力。⑤药剂防治。重点在于秧苗期喷药保护和大田期封锁发病中心。苗期或大田稻叶上看到有条斑初现时，应该立即喷药防治，暴风雨、台风及洪涝之后应立即喷药。每亩可选用药剂20%噻唑锌悬浮剂（碧生）100～125毫升，或20%噻菌铜悬浮剂（龙克均）100～120克。以上药剂加水50千克喷雾，隔5～7天喷一次，连喷1～2次。

水稻细菌性基腐病

病原学名：*Dickeya zeae* [2005年前被称为*Erwinia chrysanthemi* pv. *zeae* (Sabet) Victria，Arboleda et Munoz.]。

症状：一般在分蘖至灌浆期发生，分蘖期可出现零星病株，先心叶青卷、枯黄，叶片自上而下发黄，直至全株枯死，似螟害枯心苗，水稻根节部和茎基部变褐，并逐渐发黑腐烂，易拔起，有恶臭。圆秆拔节期发病的主要症状为"剥皮死"，水稻叶片自下而上逐渐发黄，叶鞘近水面处有边缘褐色、中间青灰色的长条形病斑，根节变色，有短而少的倒生根，伴有恶臭味。穗期发病的主要症状为"青枯"，病株先失水青枯，形成枯孕穗、白穗或半白穗，发病植株基部根节变色，并有短而少的倒生根，病株易齐泥拔断，洗净后用手挤压可见乳白色混浊细菌菌脓溢出，有恶臭味。

田间识别要点：发病植株茎基部变褐色至灰黑色腐烂，易拔起，并有难闻的恶臭味；病株在田间零星分布，病健株交错现象明显。

水稻细菌性基腐病
造成青卷、枯黄

水稻细菌性基腐病大田严重发生状

水稻细菌性基腐病枯秆

水稻细菌性基腐病基
部节间变黑腐烂

发病规律：病菌可在病稻草、稻桩和杂草上越冬，从叶片水孔、伤口及叶鞘和根系伤口侵入，以从根部或茎基部伤口侵入为主。分蘖盛期和齐穗期发病最重。早稻在移栽后开始出现症状，至抽穗期进入发病高峰。晚稻秧田即可发病，至孕穗期进入发病高峰。大田发病一般有3个明显高峰，即分蘖期进入第一次发病高峰，以"枯心型"病株为主；孕穗期为第二次

水稻细菌性基腐病高　　　水稻细菌性基腐病基部腐烂　　　水稻细菌性基腐病根
节位分蘖　　　　　　　　　　　　　　　　　　　　　　颈部和根变黑

发病高峰，以"剥死皮型"病株为主；抽穗灌浆期为第三次发病高峰，以"青枯型"病株为主，随后出现枯孕穗、白穗等症状。一般晚稻发病重于早稻，籼稻发病轻于糯稻，粳稻发病最重。有机肥和钾肥缺少，偏施氮肥发病较重；秧苗素质差，移栽时难拔难洗，造成根部伤口，有利于病菌侵入，发病也重。分蘖末期烤田不宜过度，否则易发病。地势低，黏重土壤通气性差发病重。

防治方法：参考水稻白叶枯病。

水稻细菌性褐条病

病原学名：*Pseudomona syringae* pv. *panici* (Elliott) Young et al.。

症状：主要发生在秧苗期和分蘖期。初时病斑多发生在秧苗心叶，在叶片和叶鞘上初为褐色水渍状小斑点，后逐渐扩大成水渍状的长条斑，沿中脉向上下发展，病斑黄褐色至黑褐色。严重时，在秧田中可见"一滩滩"枯死，好似发病中心。成株期染病，病斑多从叶片与叶鞘交界处发生，初呈水渍状黄白色，后沿中脉扩展，上达叶尖，下至叶鞘基部形成黄褐至深褐色的长条斑，严重时病部腐烂，有臭味，叶片枯死。叶鞘染病呈不规则斑块，后变黄褐，最后全部腐烂。心叶发病，不能抽出，死于心苞内，拔出有腐臭味，用手挤压有乳白至淡黄色菌液溢出。孕穗期染病穗苞受害，穗早枯，或穗颈伸长，小穗梗淡褐色，弯曲畸形，谷粒变褐不实。

水稻细菌性褐条病病斑沿中脉向上下发展成长条斑

水稻细菌性褐条病中脉及叶鞘枯黄

水稻细菌性褐条病秧苗期心腐型症状

水稻细菌性褐条病造成病部腐烂

水稻细菌性褐条病致使根系变褐

水稻细菌性褐条病大田发病状

水稻细菌性褐条病心叶枯死

发病规律：病菌在病残体或病种子上越冬。种子带菌是本病初次侵染的来源，病菌借水流、暴风雨传播，从稻苗伤口或自然孔口侵入。当秧苗3叶期遇春暖多雨，本田期遇低温多雨，特别是在遭受洪涝侵袭、稻苗受淹或连日高温高湿阴雨天气情况下，则发病重，且淹漫时间愈长，次数愈多，发病愈重。因此沿江、沿溪两岸或地势低洼、易受洪涝侵袭的田块往往发病重。

防治方法：参考水稻白叶枯病。

水稻细菌性穗枯病

病原学名：*Pseudomonas glumae* Kurita et Tabei。

水稻细菌性穗枯病又名水稻细菌性谷枯病，是一种严重的种传病害，由颖壳假单胞菌引起。它不但在水稻抽穗期侵入导致谷粒腐坏，而且在水稻苗期危害，引起水稻秧苗腐烂。

症状：一般发生在水稻齐穗后至乳熟期，染病谷粒初现苍白色似缺水状凋萎，渐变为灰白色至浅黄褐色，内外颖的先端或基部变成紫褐色，护颖、小穗也呈淡褐至紫褐色。每个受害穗染病谷粒10～20粒，发病重的一半以上谷粒枯死，受害严重的稻穗呈直立状而不弯曲，多不饱满或空瘪谷，谷粒一部分或全部变为灰白色或黄褐色至浓褐色，单粒病部与健部界线明显，典型病粒的交界处有深褐色条带（剥去颖壳褐色条带更明显），小枝梗仍保持绿色。

水稻细菌性穗枯病谷粒苍白色至浅黄褐色

发生规律：种子带菌，高温适湿是大发生重要条件，抽穗期如处于高温又有适量降雨，易严重发生；一般抽穗前后1周左右是发病适期，在抽穗前1周至抽穗后

水稻细菌性穗枯病病谷

水稻细菌性穗枯病单 粒谷的病健部界线明显　水稻细菌性穗枯病 小枝梗仍保留绿色　水稻细菌性穗枯病染病米粒

2～3周内盛发。苗期尤其是工厂化大棚育秧易发病，可造成烂秧、死苗。25～33℃时秧苗受害严重。如苗期感病轻未造成死苗，移栽后至孕穗期一般不显症，孕穗至扬花灌浆期显症。深灌或淹没秧苗增加病菌侵染机会，幼苗受害重。土壤pH在5.6以上时易于发病；氮素水平越高病害越重。

防治方法：①加强检疫，防止病区扩大。②药剂浸种消毒是关键。次氯酸钙浸泡处理种子，防治效果可达48%～59%。③发病初期或在水稻5%抽穗时及时用药防治，一般年份可在后期结合防治穗腐病、稻曲病进行防治，药剂可选用20%噻唑锌悬浮剂（碧生）100～125毫升，或20%噻菌铜悬浮剂（龙克均）100～120毫升。

（三）病毒病害

水稻条纹叶枯病

病原学名：*Rice stripe virus*，RSV。

症状：病株心叶基部沿叶脉呈现断续的黄绿色或黄白色短条斑，后扩展成与叶脉平行的黄色条纹，条纹间仍保持绿色。以后常连成大片，使叶片一半或大半变成黄白色，但在其边缘部分仍呈现上述褐色短条斑，病株矮化不明显，粳稻和高秆籼稻发病心叶细长卷曲成纸捻状，弯曲下垂成假枯心，矮秆籼稻品种发病后不呈枯心状，出现黄绿相间条纹，常分蘖减少。早期发病植株枯死，发病迟的只在剑叶或叶鞘上有褪色斑，但抽穗不良，或穗畸形不实，病株分蘖一般减少。

水稻条纹叶枯病分蘖期田间症状

水稻条纹叶枯病大田发病状

水稻条纹叶枯病矮缩病丛及枯黄叶片

水稻条纹叶枯病发生严重时叶片枯死

发病规律：水稻条纹叶枯病是由灰飞虱传播的一种病毒病，具有暴发性、间歇性、迁移性的特点。灰飞虱可经卵传毒，带毒灰飞虱一般以三至四龄若虫在沟边向阳禾本科杂草或麦田、绿肥田的看麦娘、早熟禾上越冬。高龄若虫和初羽化成虫传毒力强，越冬后，个体传毒能力下降。一般水稻在感病后20天左右开始表现症状，以苗期至分蘖期最宜感病。长江中下游稻区发病有三个明显的高峰期：即6月中旬至7月初，一代灰飞虱成虫集中传毒所致，主要危害秧田和本田；7月上中旬二代灰飞虱成虫、若虫在田间传播所致；7月下旬至8月上中旬三代灰飞虱成虫、若虫在田间传播所致。一般灰飞虱带毒率大于3%，一代灰飞虱迁入高峰期与秧苗期比较吻合，品种又感病，则条纹叶枯病的流行可能性较大。管理差、杂草多，发病重；1～3月气温偏高有利于灰飞虱存活和加速其发育繁殖，有利于发病。早播早插田重于迟播迟插田，直播田重于移栽田；粳糯稻重于籼稻。

水稻条纹叶枯病根系（右）与健康根系（左）对比

水稻条纹叶枯病矮缩病丛

水稻条纹叶枯病假枯心

防治方法：采取"切断毒源，治秧田保大田，治前期保后期"的策略。清除田边、沟边杂草，减少虫源和毒源，狠抓治虫防病，尤其要抓好连作晚稻秧田和早插本田初期的防治。重点抓好三个阶段的防治：一是防治毒源地的灰飞虱；二是狠治秧田灰飞虱，在灰飞虱迁入秧田高峰期用药防治；三是适期防治大田灰飞虱，在灰飞虱卵孵高峰期用药。防治指标为早稻秧田每平方米有成虫18头，晚稻秧田有成虫5头，本田前期平均每丛有成虫1头以上。每亩可用药剂10%吡虫啉可湿性粉剂40～6C克，或50%吡蚜酮水分散粒剂12～15克，或10%三氟苯嘧啶悬浮剂10～16毫升，或20%异丙威乳油150～200毫升。秧田成虫防治，坚持速效药剂与长效药剂相结合，同时要注意药剂交替使用。

水稻矮缩病

病原学名：*Rice dwarf virus*，RDV。

水稻矮缩病又称水稻普通矮缩病、普矮、青矮等，主要分布在南方稻区。除危害水稻外，还危害大麦、小麦等禾本科植物，普遍分布于我国南方稻区，重病田一般减产3～5成，甚至颗粒无收。

症状：水稻在苗期至分蘖期感病后，植株矮缩，分蘖增多，叶片短而僵直，叶色浓绿。发病初期，在叶片或叶鞘上出现与叶脉相平行的黄白色虚线状条点，叶片基部最明显，根系发育不良。水稻幼苗期受害，分蘖少，移栽后多枯死；分蘖前发病的不能抽穗；后期发病，虽能抽穗，但结实不良。

水稻矮缩病田间发病状

水稻矮缩病穗期严重发病状

　　发生规律：仅通过昆虫传播，且以黑尾叶蝉为主。初侵染源主要是获毒的越冬三、四龄黑尾叶蝉若虫。水稻感病后经过一段时间潜伏，便会显出病症。黑尾叶蝉若虫在看麦娘上越冬后，翌春羽化为成虫，带毒成虫迁入早稻秧田和本田，病害也即传到早稻，7月中旬至8月上旬黑尾叶蝉迁入双季晚稻秧田和本田，为全年虫量最高峰，也是全年主要迁飞传病期。黑尾叶蝉在晚稻田大量发生危害并传染，使此病不断扩展蔓延。到晚稻收割后，获毒若虫在绿肥（如紫云英等）田中的看麦娘上以及在田边、沟边和春收作物田中取食越冬，其中以绿肥田中的虫口最多。早稻发病轻，连晚发病重。冬春温暖、伏秋干旱，有利于发病；稻苗嫩绿，靠近虫源田发病重。以秧田和本田初期最易感染。矮秆比高秆长势茂盛，叶色浓绿，植株柔嫩，易受叶蝉危害，发病重。

水稻矮缩病叶片上的黄白色虚线状条点

水稻矮缩病根系
发育不良

水稻矮缩病矮缩病丛

　　防治方法：防治应以抓住黑尾叶蝉迁飞高峰期和水稻主要感病期的治虫防病为中心，加强农业防治措施，才可收到良好的防治效果。①农业防治。选用抗（耐）病品种；早、中、晚稻秧田尽量远离重病田，集中育苗管理，减少感染机会；提倡连片种植，阻止叶蝉在早稻、双季晚稻及不同熟期品种水稻上迁移传毒；加强水肥管理，促进稻苗早发健壮，增强抗病力。②化学防治。应抓住黑尾叶蝉两个迁飞高峰期。在越冬代成虫迁飞盛期，着重对早稻秧田和早插本田进行防治；在第一代若虫孵化盛期还应注意对迟插早、中稻秧田的防治。重点抓好第二、三代成虫迁飞期的防治，除应注意保护连晚秧田，做好早稻边收边治虫和本田田边封锁外，特别要对早插的本田在插秧后立即喷药防治。药剂同灰飞虱防治。

水稻黑条矮缩病

病原学名：*Rice black streaked dwarf virus*，RBSDV。

水稻黑条矮缩病可危害水稻、大麦、小麦、玉米、高粱、粟、稗草、看麦娘等20多种寄主。

症状：植株矮缩，叶片僵直、短阔，叶色浓绿，分蘖增加，叶背的叶脉和茎秆上现初蜡白色后变黑褐色的短条状隆起，病叶基部叶脉常弯曲，使叶片略显纵皱。不抽穗或穗小，结实不良。水稻从苗期到抽穗期都可发病，以苗期和分蘖期最易感染，且较重。苗期发病多枯死；分蘖期发病，少数能抽出短小、缩颈、不实的病穗；抽穗期发病，剑叶较短阔，常呈包颈穗，结实少，茎基一至二节维管束局部突起如瘤，手摸有粗糙感。

发病规律：本病由灰飞虱带毒传播。灰飞虱一经染毒，能终身保毒，但不能经虫卵传到下代。病毒主要在大麦、小麦和禾本科杂草等病株体内越冬，也有部分在灰飞虱体内越冬。第一代灰飞虱在病麦上接毒后传到早

水稻黑条矮缩病分蘖期大田发病状

水稻黑条矮缩病植株严重矮缩，叶色浓绿

水稻黑条矮缩病苗期根部褐根多，白根少

水稻黑条矮缩病叶脉弯曲，叶片纵皱

水稻黑条矮缩病病株（左）与健株（右）对比

水稻黑条矮缩病不抽穗或穗小

水稻黑条矮缩病茎基一、二节局部突起如瘤，初为乳白色，手摸粗糙

水稻黑条矮缩病茎秆后期现黑褐色条状隆起瘤，手摸粗糙

稻、单季稻、晚稻或春玉米上。稻田中繁殖的第二、三代灰飞虱，在水稻病株上吸毒后，迁入晚稻和秋玉米田传毒，晚稻上繁殖的灰飞虱成虫和越冬代若虫又进行传毒，传给大麦、小麦。晚稻早播比迟播发病重，稻苗生长嫩绿的发病重。靠近病源田及近田边的发病重。

防治方法：参照水稻条纹叶枯病。

南方水稻黑条矮缩病

病原学名：*Southern rice black-streaked dwarf virus*，SRBSDV。

症状：秧苗期感病心叶生长缓慢，叶片短小而僵直，叶色深绿，叶脉有不规则蜡白色瘤状突起，后变黑褐色。植株矮小（不及正常株的1/3），后期不能抽穗，常提早枯死。

本田初期感病稻株明显矮缩，约为正常株高的1/2，分蘖增加，叶色深绿，叶片短阔、僵直，上部叶片叶面可见凹凸不平的皱褶；病株节部有倒生须根及高节位分枝；病株叶背的叶脉和茎秆表面有蜡点状、纵向排列成条形的瘤状突起，早期乳白色，后期褐黑色；感病植株根系不发达，须根少而短，严重时根系呈黄褐色，不抽穗或呈包颈穗；拔节期感病的稻株矮缩不明显，虽能抽穗，但穗型小、实粒少、粒重轻。

南方水稻黑条矮
缩病后期茎秆上泪
痕变褐

南方水稻黑条矮缩病后期大田发病状

发病规律：该病毒主要由白背飞虱传毒，若虫、成虫均能传毒。病毒初侵染源以外地迁入的带毒白背飞虱为主，冬后带毒寄主（如田间再生苗、杂草等）也可成为初侵染源；带（获）毒白背飞虱取食寄主植物即可传毒。传毒效率非常高，但不能经卵传毒，植株间也不互相传毒；介体一经染毒，终身带毒，稻株接毒后潜伏期14～24天。具有流行扩散快、监测防控难、潜在威胁大的特点。水稻感病期主要在分蘖前的苗期（秧苗期和本田初

南方水稻黑条矮缩病田间病丛

南方水稻黑条矮缩病前期田间严重发生状

南方水稻黑条矮缩病穗小、剑叶小而畸形

南方水稻黑条矮缩病包颈穗

南方水稻黑条矮缩病叶片皱缩

南方水稻黑条矮缩病茎上倒生须根

南方水稻黑条矮缩病前期乳白色泪痕状斑

期），拔节以后不易感病。最易感病期为秧（苗）的2～6叶期。水稻苗期、分蘖前期感染发病的基本绝收。中晚稻发病重于早稻；育秧移栽田发病重于直播田；杂交稻发病重于常规稻。

防治方法：应采取切断毒链、治虫防病、治秧田保大田、治前期保后期的综合防控策略。抓住秧苗期和本田初期关键环节，实施科学防控。①因地制宜做好布局，尽量做到连片种植，减少插花田和草荒田，阻断飞虱传播发病，及时清除秧田及四周的寄主杂草。②推广防虫网覆盖育秧。③抓好种子处理关。即做好种子药液浸种或拌种。在种子催芽露白后用10%吡虫啉可湿性粉剂10～15克先与少量细土拌匀，再均匀拌1～2千克（以干种子计重）种子即可播种。④抓好秧苗防病关。秧苗期是南方水稻黑条矮缩病侵染的关键期，单季稻种植地区应在水稻播种前及时做好秧田四周的杂草和荒板田的飞虱防治。秧苗稻叶开始展开至拔秧前3天，酌情喷施"送嫁药"。每亩可用25%吡蚜酮可湿性粉剂40克，或25%噻虫嗪水分散粒剂4～6克，或10%吡虫啉可湿性粉剂40～60克，或50%烯啶虫胺水分散粒剂6～8克，加有机硅10克对水30千克喷雾1～2次。⑤抓好药剂治虱防矮关。栽后3～7天每亩用25%吡蚜酮可湿性粉剂30～40克加50%烯啶虫胺水分散粒剂6～8克或25%速灭威可湿性粉剂300克，加有机硅10克，对水30千克喷雾。栽后10～15天每亩再用31%氮苷·盐酸吗啉胍或20%盐酸吗啉胍·乙酸铜或宁南霉素+25%吡蚜酮可湿性粉剂30～40克＋有机硅10克对水30千克喷雾。⑦及时拔除病株。对发病秧田，要及时剔除病株，并集中埋入泥中，移栽时适当增加基本苗。对大田发病率2%～20%的田块，及时拔除病株（丛），并就地踩入泥中深埋，然后从健丛中掰蘖补苗。对重病田及时翻耕改种，以减少损失。

水稻锯齿叶矮缩病

病原学名：*Rice ragged stunt virus*，RRSV。

水稻锯齿叶矮缩病又称裂叶矮缩病，是由水稻齿矮病毒感染引起的一种水稻病毒病，除危害水稻外，也可危害小麦、玉米、甘蔗以及游草等禾本科杂草。

症状：染病株矮化，叶缘有锯齿状缺刻，叶尖、心叶旋转卷曲；苗期染病心叶的叶尖常旋转10多圈，心叶下叶缘破裂成缺口状，多为锯齿状。分蘖期染病植株矮化，株高仅为健株的1/2，叶片皱缩扭曲，边缘呈锯齿状，缺刻深0.1～0.5厘米，一般不超过中脉，一片叶上常现3～5个缺刻，有时多达13个。叶片叶鞘有白色脉肿；叶片窄小，病株较硬；叶色淡绿但不变黄；受害稻株的根褐色且细短，不长白根。有些品种于拔节孕穗期发病，在高节位上产生1至数个分枝，称"节枝现象"，分枝上抽出小穗，多不结实。

水稻锯齿叶矮缩病植株矮缩

水稻锯齿叶矮缩病新叶叶尖旋卷

水稻锯齿叶矮缩病严重感病株

水稻锯齿叶矮缩病叶片叶缘缺刻

水稻锯齿叶矮缩病叶缘锯齿状缺刻

水稻锯齿叶矮缩病叶片和叶鞘线状脉肿

发病规律：该病传毒媒介主要是褐飞虱，传毒率为2.5%～55%，病毒在虫体内循回期10天，能终身传毒，但不能经卵传至下一代，有间隙传毒现象，间隙期1～6天，水稻感染病毒后经13～15天潜育才显症，潜育期长短与气温相关。发病程度与带毒数量有关。在田间此病有双重或三重感染或复合侵染情况，即同一植株上可以受水稻齿矮病毒及其他病毒多重侵染，出现单独症状或协生症状。锯齿叶矮缩病的感染时期是7月下旬至8月上旬，单季晚稻、双季晚稻生育期是苗期至本田分蘖期以前，正好是病毒最有利的感染时期。

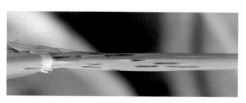

水稻锯齿叶矮缩病叶片和叶鞘褐色线状脉肿

水稻锯齿叶矮缩病植株抽穗不全

防治方法：①合理作物布局，连片种植。尽可能按品种、熟期连片种植，尽量减少单、双季稻混栽面积，切断介体昆虫辗转危害。②选用抗病、耐病品种。③秧田最好连片集中育秧，统一治虫，培育壮秧。④合理调节移栽期，使水稻易感病生育期避开介体昆虫的迁入高峰期。⑤加强肥水管理，促进稻苗初期早发、健长，提倡健身栽培，适时搁烤田，增强抗病力。⑥治虫防病。在幼苗期至分蘖期前，防治好褐飞虱，在防治上要抓早抓好，把介体昆虫消灭在传毒之前。具体参考褐飞虱防治。

（四）线虫病害

水稻干尖线虫病

病原学名：*Aphelenchoides besseyi* Christie。

症状：苗期症状不明显，偶在4～5片真叶时出现叶尖灰白色干枯，扭曲干尖。病株孕穗后干尖更严重，剑叶或其下2～3叶尖端渐枯黄，半透明，扭曲干尖，变为灰白或淡褐色，病健部界限明显。湿度大、有雾露存在时，干尖叶片展平，呈半透明水渍状，随风飘动，露干后又复卷曲。有的病株不显症，但稻穗带有线虫，大多数植株能正常抽穗，但植株矮小，病穗较小，秕粒多，多不孕，穗直立。

发病规律：以成虫、幼虫在谷粒颖壳中越冬，干燥条件下可存活3年，浸水条件下能存活30天。此病主要靠种子传带。种子内的线虫在浸种催芽

水稻干尖线虫病叶尖渐枯黄，半透明，叶尖扭曲　水稻干尖线虫病叶尖枯黄　水稻干尖线虫病扭曲干尖

水稻干尖线虫病造成叶片扭曲　水稻干尖线虫病造成抽穗困难　水稻干尖线虫病造成小穗（左为正常穗）

时开始活动，播种后线虫游离水中，由芽鞘、叶鞘缝隙侵入稻株体内，附着在生长点、叶芽、新生嫩叶的细胞外部，吸取细胞汁液，致使被害叶片长出后变成干尖状。播种后半个月内低温多雨有利于发病。线虫在稻株体内发育繁殖，随着病株生长向上移动，孕穗期症状明显。秧田期和本田初期靠灌溉水传播，扩大危害。该线虫耐寒冷，不耐高温，土壤不能传病，主要随稻种调运进行远距离传播。

防治方法：①选用无病种子，禁止从病区调运种子。②种子播前药剂处理是防治干尖线虫病简单而有效的方法。先用少量水将1.5%二硫氰基甲烷药粉搅成糊状，然后按10克加水7千克，搅匀配成700～800倍液，然后浸入种子5千克，浸种后直接催芽，早稻浸种时间不得少于72小时，晚稻浸种时间不得少于48小时。该药对水稻恶苗病和干尖线虫病均有效。也可用18%咪鲜·杀螟丹可湿性粉剂800～1 000倍液，或17%杀螟·乙蒜素可湿性粉剂400倍液。

水稻根结线虫病

病原学名：主要为*Meloidogyne oryzae* Maas, Sanders & Dede.。

症状：根尖受害，扭曲变粗，膨大形成根瘤，根瘤初卵圆形，白色，后发展为长椭圆形，两端稍尖，色棕黄至棕褐以至黑色，渐变软，腐烂，外皮易破裂。幼苗期1/3根系出现根瘤时，病株瘦弱，叶色淡，返青迟缓。分蘖期根瘤数量大增，病株矮小，叶片发黄，茎秆细，根系短，长势弱。抽穗期表现为病株矮，穗短而少，常半包穗，或穗节包叶，能抽穗的结实率低，秕谷多。

水稻根结线虫病叶片变黄，叶尖枯焦　　　　水稻根结线虫病苗期严重发生状

水稻根结线虫病田间苗期发生状　　水稻根结线虫病植株矮小，叶细弱，色淡发黄

水稻根结线虫病根结　　水稻根结线虫病不同严重度对比

发生规律：一般以一至二龄幼虫在根瘤中越冬，翌年，二龄幼虫侵入水稻根部，寄生于根皮和中柱间，刺激细胞形成根瘤，幼虫经4次蜕皮变为成虫。雌虫成熟后在根瘤内产卵，在卵内形成一龄幼虫，经一次蜕皮，以二龄幼虫破壳而出，离开根瘤，活动于土壤和水中，侵入新根。

线虫可借水流、肥料、农具及农事活动传播，只侵染新根。酸性土壤、沙质土壤发病重，增施有机肥的肥沃土壤发病重。连作水稻发病重，水旱轮作发病轻，水田发病重，旱地发病轻，翻耕晾晒田发病轻，旱田铲秧比拔秧发病轻。病田增施石灰发病明显减少。

防治方法：①实行水旱轮作，与其他旱地作物轮作半年以上。冬季翻耕晒田减少虫量。②培育无病秧苗。用育秧盘育苗，选用无病基质。③整个生育期保持浅水层，尤其是幼嫩根系较多的苗期。④在栽植前或栽植返青后，每亩施石灰75～100千克。⑤药剂防治。由于水稻根结线虫的发生危害特点为两头重，中间轻，化学防治要重点抓水稻生育期的秧苗期和收割后的稻桩期。秧田防治：苗床施药宜用1.5%阿维菌素颗粒剂或10%噻唑磷颗粒剂，与最下层苗床土拌匀，其上覆盖一层土后，再播种。大田防治：发病初期每亩可撒施0.5%阿维菌素颗粒剂3～4千克，或10%噻唑磷颗粒剂1.5～2千克，或41.7%氟吡菌酰胺悬浮剂50毫升，加土15～30千克拌成毒土撒施，田间应有浅水层。

二、水稻非传染性病害

（一）生理性病害

烂秧

水稻烂秧为秧苗期死亡的总称，可分生理性烂秧和传染性烂秧两类。生理性烂秧包括烂种、烂芽、青枯死苗、黄枯死苗等，传染性烂秧包括立枯病、绵腐病等，见传染性病害部分。

烂种：指水稻播种后种子不能萌发或播后腐烂不发芽。

发病原因：种子成熟期间天气不好，收获后又没有及时晒干，以及贮藏过程管理不善、条件不良等造成种子变质，或夏季高温期间在水泥场上晒种，烫伤种胚，种子在催芽前就丧失了发芽能力。在催芽过程中，温度过高，种堆发烫，水分又太多，种堆发酸发黏，影响发芽。

烂芽：指萌动发芽至转青期间芽、根死亡的现象。

早稻烂芽多因秧田淹水过深缺氧窒息，晚稻烂芽多因秧田深灌遇天气暴热高温烫芽而造成；有生理性和病理性烂芽。生理性烂芽常见有淤籽、露籽、跷脚、倒芽、谷芽"钓鱼钩"、黑根等。

露籽

谷芽"钓鱼钩"或不正常

跷脚

发病原因：①生理性烂芽主要是有发芽能力的种子，播种时秧畦不平，秧板过硬，没有做到泥浆落谷，幼根不能入泥，播种后长期淹水缺氧，使芽鞘徒长，扎根不良，造成翻根倒芽产生腐烂。②人畜粪尿或其他有机质肥料作基肥施用不当，分解发酵，畦面产生有毒物质，毒害芽谷，使种根发黑和幼芽枯焦腐烂。③秧板泥浆太稀或压种太重，使种芽深陷于泥浆中，通气不良，窒息而死，烂于泥中。④高温季节播种后，畦面积水，水温过高，烫死根芽，引起腐烂。

水稻烂秧

死苗：指秧苗第一叶展开后的幼苗死亡，多发生在2～3叶期，可分青枯死苗和黄枯死苗。

①青枯死苗：叶尖不吐水，心叶先开始纵卷成筒状，随后其他叶片也卷曲变细成针状，秧苗基部呈污绿色，叶片青绿；最后整株萎蔫，成片枯死，俗称"卷心死"。根系正常，不易拔起。

②黄枯死苗：一般死苗从下部叶开始，从叶尖向叶片基部逐渐变黄，再从下部老叶发展到嫩叶依次变成黄褐色，最后茎基部软化变褐，发展到戎片枯死，俗称"剥皮死"。秧苗易拔起，根常变黑腐烂。

发病原因：①早春育秧期间，秧苗抗逆力弱，遇低温阴雨就使秧

塑料薄膜育秧烂秧

大棚育秧烂秧

水稻秧苗枯死

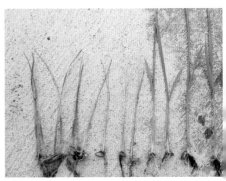

水稻烂秧病株（左）与健株（右）对比

苗新陈代谢受阻，根系活力下降。当寒流过后，天气转晴，太阳出来后，气温急剧上升，空气湿度降低，叶面蒸腾作用显著加强，而此时的秧苗根系吸水能力还很弱，体内水分供不应求，失去平衡，叶片失水卷缩，造成"青枯死苗"，植株转黄腐烂。②施用未腐熟有机肥或土壤过酸过碱，产生有毒物质，使秧根中毒发黑而产生死苗。③化肥、农药施用不当，浓度过高，施用不均匀等，造成秧苗呈黄色枯斑，严重时则整株死亡。

防治方法：①秧田选择在肥力中等、避风向阳、排灌方便、地势较高的地方。畦面要平，畦沟要深，泥浆软硬适当，待泥浆土沉实后再播种。采用旱育稀植、薄膜覆盖、温室育秧能减少烂秧。②浸种前先晒种，然后清除杂物。早稻播前要参考当地常年安全播种期，再结合当地天气预报，抓住冷头浸种催芽，冷尾暖头抢晴湿润播种，尽量避过倒春寒。③芽期保持畦面湿润，不能过早上水。在有暴风雨、冰雹或霜冻时，短时间灌水护芽。1叶展开后可适当灌浅水，2～3叶期以保温防寒为主，要浅水勤灌，但不可淹顶。寒潮来临要灌"拦腰水"护苗，冷空气过后转为正常管理。为防止高温烫芽，晚稻播种应在下午4时后进行，并做好科学管水。④秧田追肥要在施足基肥的基础上，根据秧苗生长情况及秧龄长短分次施用。2叶1心施"断奶肥"，3叶1心施分蘖肥，插秧前5天看秧苗长势，适当施用一次"送嫁肥"，促进新根和分蘖生长，增强抗逆性，提高秧苗素质。⑤秧田在发生烂种烂芽时，要排干秧田积水，促进根系及土壤通气，抑制种芽继续腐烂，使未扎根的迅速扎根立针。当烂种烂芽较严重，畦面出现大量"锈水"时，应先灌水洗秧，去除有毒物质，然后再彻底排水，促进恢复生长。地膜保温育秧，如果长期阴雨低温，膜内通气不良，绵腐病蔓延，发生烂秧，要待天气稍暖时，适当揭膜，促进通气，并及时施药防治。因寒流低温袭击或长期深灌而引起烂秧应迅速换用清水再排干，增温通气促进扎根；青枯或黄枯死苗大量出现的秧田及时灌"跑马水"，一天一次，以防卷叶死苗蔓延。如因晴天膜内温度过高，出现卷叶烧苗，应立即灌水，并揭开畦两端地膜降温。如果晴天时中午秧畦地膜突然被风掀开，发生大量卷叶，应立即灌水盖膜，待下午恢复正常时，再逐步揭膜炼苗。⑥秧苗发生肥害、药害时，一般先灌"跑马水"洗秧后，再保持浅水养苗，以便降低肥料、农药的浓度，增加田间湿度，维持较稳定的环境，使秧苗恢复生长。根系中毒发黑的秧苗，切忌施肥，可多次灌水冲洗，然后彻底排水，促进土壤通气，以利恢复根系活力，生长新根。

白化苗和白条斑苗

症状：白化苗的全株叶片和叶鞘均呈白色，无叶绿素，3叶期以后就死亡。

白条斑苗的全株各叶片上呈现一至数条白色或黄白色条斑，这种白条自叶片尖端一直延伸至叶鞘基部，阔狭均匀，病健交界整齐而清析。白条斑苗可继续生长，成株期的症状与苗期相同，仅较一般健株矮，分蘖减少，结实率较差。

水稻塑盘育秧中的白化苗

白条斑苗

发病规律：白化苗和白条斑苗系遗传因素所引起，是一种细胞质遗传，与细胞核的染色体没有关系。后代所表现的苗色，全由母本决定，与父本无关。用白条斑苗植株所结的谷粒育秧，其秧苗64%是白化苗，31%是白条斑苗，5%是正常的绿色健苗。这些白化苗，由于无叶绿素，不能进行光合作用，所以当3叶期胚乳养分耗完后均死亡。

防治方法：在拔秧或在留种田内剔除病株。

低温冷害

低温黄苗

秧苗叶片呈现均匀的黄化，或自叶尖向下逐渐褪色发黄，严重的全株淡黄色。

早籼稻根、叶生长的最低温度在15℃左右。秧苗1叶期气温持续低至7℃左右和连续阴雨，就会影响叶绿素形成，导致整畦、整丘的幼苗黄化。一旦转晴，气温升高，这类黄苗会很快恢复正常。

水稻塑盘抛秧盘中低温造成的黄苗

寒害苗

是指苗叶褪色发白现象。寒害苗叶尖端部分褪色发白，严重的整张叶片变白。

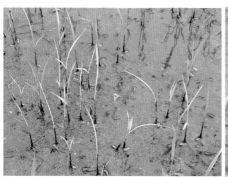

水稻寒害白化苗

大多发生在秧苗 2 ～ 3 叶期,此时种谷内贮藏的养料即将耗尽,而根系尚不发达,吸收能力很弱,处于断奶期,体内贮糖量不足,抗寒力最弱,如遇寒潮,气温突然降低到 12℃ 以下,幼嫩的苗叶就要遭受寒害。以早春持续低温多雨年份发生较普遍。

水稻秧田寒害苗

穗期低温冷害

播种或移栽不适时,使孕穗期或抽穗期遭遇温度过低,造成翘稻头;抽穗开花期温度低至 23℃ 对开花有影响,在 20℃ 以下时,花药不能开裂散粉,花丝伸长受阻,雌蕊机能不良,不能完成受精过程而成为空壳。灌浆结实期如日平均气温低于 20℃,就会影响有机物质合成和运输,实粒率和千粒重将明显下降。遇大雨或持续阴雨,阳光不足,湿度过大,雨水冲洗去柱头黏液,花粉粒吸水膨胀破裂,不能发芽或花粉管伸长

早稻扬花期遇连续低温阴雨造成花谷

受阻，对开花受精也很不利，容易造成空壳。光照强弱直接影响光合作用和有机物质的积累。开花结实期间，如阴雨天多，光照不足，空秕率会明显增加。

晚稻抽穗灌浆期低温冷害症状

　　防治方法：①选好秧田，施好基肥；适时播种，露地育秧以历年候平均气温稳定通过12℃时为早稻播种适期。在适期范围内，最好掌握在冷尾暖头抢晴播种，使芽谷能扎根竖苗和现青。②寒潮侵袭前后灌水保温护苗。③早施断奶肥。已发生黄苗和寒害苗的秧田，当天气转晴、气温回升后，排水露田，追施硫酸铵等速效性氮肥，促使恢复生长。具体方法详见烂芽和死苗。④加强肥水管理，促进早发，防止过多或过迟施用氮肥，确保连作晚稻在安全齐穗期内抽穗。⑤穗期遇到20℃以下天气，要及时灌水保温，进行根外追肥。喷施0.2%浓度的磷酸二氢钾，或者喷施0.3%的过磷酸钙水溶液，增施磷、钾肥，提高水稻抵抗低温能力。⑥当晚稻近抽穗时得到低温预报，处于孕穗破口期的水稻每亩可喷施20毫克/千克赤霉素溶液40～50千克，有促进提早抽穗的效果。⑦加强病虫害防治。要加强对水稻稻瘟病、二化螟等病虫害的防治，提高水稻抗逆性。总之，水稻扬花期遇到低温阴雨天气，要及时采取各种措施进行防护，以免造成减产。

水稻青枯病

症状：病株叶片萎蔫内卷，呈典型的失水症状，叶片与谷壳呈青灰色，远看无光泽，很似割倒摊晒在田间已有一天的青稻。茎秆干瘪收缩，基部更甚，严重的常齐泥倒伏。发病以前病株并无异样，病害往往在 1 ～ 2 天内突然成片发生，来势很快，田间并无发病中心。

水稻青枯病造成倒伏

水稻青枯病叶片萎蔫内卷，青灰色，呈典型失水状

水稻青枯病造成空秕谷增加

水稻青枯病叶片筒卷，茎秆收缩，穗直立

水稻青枯病造成茎秆枯死

发生规律：由水稻生理失水所致。多发于晚稻灌浆期，断水过早，遇干热风，失水严重导致大面积青枯。长期深灌，未适度搁田，根系较浅容易发生。土层浅，肥力不足，或施氮过迟也易发生。

防治方法：①选用抗旱力强的品种，一般籼稻比粳稻耐旱，早熟、大穗少蘖型品种较耐旱。②稻田后期管理要浅水与露田结合，不可断水过早，特别是沙质土和漏水田。避免长期深灌，适时适度搁田，促进根系生长。③合理施肥，基肥要施足，追肥要早施，避免施氮过多、过迟，防止贪青或早衰。④于水稻孕穗期喷洒磷酸二氢钾100～125克，15天后再喷一次，叶面补施磷、钾肥以维持根系活力，增强稻株抗逆力。

水稻赤枯病

俗称熬苗、坐棵。水稻孕穗后病害可恢复或减轻。发病稻株并发胡麻叶斑病，并加重危害，一般要延迟水稻生育期，严重时可减产30%以上。

症状：受害植株分蘖少而小，上部叶片挺直，与茎夹角较小，病株嫩

水稻赤枯病症状

叶通常呈深绿或暗绿色，根系呈深褐色，夹有黑根。稻株进入分蘖期后，老叶上呈现褐色小点或短条斑，边缘不明显，并自叶尖沿叶缘向下出现焦枯，到分蘖盛期则在叶片上出现碎屑状褐点，进一步发展则成不规则形，以后斑点增多、扩大，叶片多由叶尖向叶基部逐渐变黄褐色枯死，发病严重时，远望全田稻叶如火烧焦状。病株多从下部叶片呈现症状，逐渐向上叶发展，但新叶往往保持绿色。叶鞘发病和叶片相似。产生赤褐色至污褐色小斑点，以后枯死，拔起病株可见根部老化、赤褐色，软绵状无弹性，有的变黑、腐烂，白根极少。

赤枯病是由于钾、磷、锌等营养元素的供应缺乏或不能被吸收利用而致，病多见于山区山地田、望天田、轻沙质田、过酸的红壤或黄壤稻田。在土质黏重、排水不良、耕作层糊烂的稻田，以及山区冷浸田往往发病重。

防治方法：根本措施是改良土壤和增施钾肥。①增施腐熟有机质肥料，

水稻赤枯病叶片枯黄　　　　　　水稻赤枯病叶片、叶鞘枯黄

同时增施磷、钾肥和绿肥，促进土壤团粒结构形成。实施秸秆还田的田块，最迟在插秧前10天翻灌，且每亩撒施生石灰50千克，以加速绿肥及秸秆腐烂分解；采取水旱轮作，提高土壤通透性能。早稻移栽后要浅水勤灌、适时烤田，稻田发病后，应立即排水烤田，促进新根生长。②对缺钾土壤应补施钾肥，适当追施速效氮肥。对已发生赤枯病的田块，应立即搁田，在追施速效氮肥的同时，结合配施钾肥，也可喷施浓度为1%的氯化钾溶液或0.2%磷酸二氢钾溶液。

雷电害

雷电害是指水稻直接遭受雷击而引起局部稻株凋萎或枯死。

症状：雷击正中点的稻株，最初全株呈现暗绿色凋萎，随后整株萎蔫枯死。其周围被波及的稻株叶片向中肋纵卷成筒状，大多数叶尖部纵卷，每株平均卷叶数为1.8～2.7片。这些受害叶片直立不下披，叶色较建株稍浓绿，此种卷叶病态不能恢复，但数天后尚能抽生出正常展开的新叶，并能抽穗，不过穗颈往往变短，包颈现象较多。

雷电害一般发生在雷雨季节。一般说来，雷击地点的规

水稻雷电害大田受害状

水稻雷电害造成叶片发黄

水稻雷电害造成叶片纵卷

水稻雷电害造成急性失水青枯

水稻雷电害造成叶尖发黄

律是山地比谷地、水田比旱地、湿土比干土易遭雷击，空旷地带和孤树遭受雷击机会较多。

防治方法：加强肥水管理，以利被波及稻株的恢复。

早衰

水稻早衰是水稻抽穗后到成熟期间，由于根、茎、叶代谢机能过早衰退所引起的一种生理障碍，削弱了功能叶片的光合作用，主要表现为下部叶片枯黄，叶片尖端灰白色、薄而弯曲，远看一片焦枯，根系生长衰弱，软绵无力，致使籽粒充实不良，是造成秕谷的主要原因之一，已成为制约水稻产量提高的一个重要障碍。早衰有生理性早衰和病理性早衰两种，生理性早衰主要由水稻生长环境不良和品种自身特性所引起；病理性早衰主要由纹枯病、稻瘟病、小球菌核病、稻飞虱等病虫害引起，在诊断时要加以区分。

　　早衰的内因是水稻品种抗逆力差，在不良的外界环境条件下，稻根、稻叶代谢机能受到阻碍，不能维持正常的生理活动，导致稻株叶内氮素下降。早衰的外因与栽培管理、土壤、气候等条件有关，主要表现为水、肥、气、热四个生长因素不协调，断水过早，氮、磷供应不足，使植株营养生长得不到养分补充，还有的土壤通透性差，缺氧和有毒还原物质多，使水稻后期根系发育不良，吸收养分能力减弱，导致植株内部生理机能失调。

水稻生长后期早衰症状

　　防治方法：①选用抗逆力较强的品种。②增施有机肥，提倡种植绿肥、稻草还田。③进行科学管水，在水稻生长的中、后期，要采取干湿交替的灌溉方式，推迟断水，做到间歇灌溉、干湿交替，防止断水过早，以增强根系活力，延长叶片功能期。④合理施肥，按基肥、促蘖肥、孕穗肥、壮粒肥进行分施，防止中期脱肥，后期巧施穗粒肥，提高光合作用。⑤根外追肥，使用植物生长调节剂。在破口、见穗初期，每亩稻田用30%苯甲·丙环唑20毫升+喷施宝20毫升，对水45千克均匀喷施，也可以用32.5%苯甲·嘧菌酯或75%肟菌·戊唑醇15～20克。需要注意的是：根外追肥时，要避开水稻扬花期，而且最好是在晴天的傍晚或阴天时喷施，此时空气湿度大，有利于叶面吸收养分。⑥加强病虫害防治。

缺钾症

症状：水稻缺钾一般在分蘖前期开始出现症状，至分蘖末期较为明显。一般早稻出现迟，晚稻出现早，超级稻较常见。缺钾病株较矮小，老叶下垂黄化，茎秆细弱。初期叶片较狭而软弱，随后基部叶片叶尖沿叶缘两侧向叶基逐渐变黄或黄褐色，并产生赤褐色或暗褐色大小不等的铁锈状斑点。严重时可聚合成斑块或条状，有些品种初期即呈赤褐色长条斑，甚至叶鞘上也有发生，最后叶片叶尖端向下逐渐变赤褐色枯死，由下叶渐向上叶蔓延，严重者远看似火烧状，但很少全株枯死。根系细弱，多褐根，老化早衰；抽穗不整齐，秕谷率增加，正常受精的谷粒也不饱满，产量和品质下降。

水稻缺钾根系弱，褐根多

水稻分蘖期缺钾大田症状

发生原因：①土壤缺乏可直接利用的钾。一般易发生缺钾症的土壤是耕层浅薄的沙土田和漏水田，淋溶严重的水田，通气不良的田块。②肥料成分不平衡。由于偏施氮、磷肥，而引起缺钾。③超级稻群体大，需钾量高，传统施肥跟不上需求。

防治方法：①改良土壤。深耕，种好绿肥，实行秸秆还田，增施厩肥、土杂肥等。②增施钾肥。缺钾田块宜以基肥形式增施氯化钾、硫酸钾或草木灰等。由于钾肥在土壤中较易淋失，钾肥的施用应做到基肥与追肥相结

水稻缺钾先从下部叶片开始出现症状

水稻分蘖期缺钾
叶片上产生赤褐色
或暗褐色的铁锈斑

水稻缺钾叶片上
的褐色病斑

水稻缺钾不同程度的
赤褐色长条斑

水稻缺钾症状

水稻缺钾严重时叶片上病
斑赤褐色枯焦

合；合理施用钾肥，每亩钾肥（以K_2O计）用量以6～10千克为宜。并在水稻吸氮的高峰期（分蘖盛期至幼穗分化期）及时追施钾肥，以防氮、钾比例失调而促发缺钾症。③水分管理。水稻要做到露、搁、晒田相结合，消除还原性物质对根系的危害及对钾肥吸收的抑制作用。④已经发生缺钾的稻田，应立即排水。在追施氮肥的同时，必须配施钾肥，随后露田，促进稻根旺发，提高吸肥力。

（二）农业药（肥）害

敌敌畏药害

　　症状：叶面出现许多褐色不规则的药斑，叶尖枯黄、卷筒，严重时整叶发白。减数分蘖期受害，产生高节位分蘖，不能抽穗或抽穗后不能结实。

　　防止和补救措施：严格掌握农药使用浓度，药液要随配随用，并要不断搅拌，防止筒底农药沉淀。喷雾器的喷头不要离作物太近，施药要均匀，避免重喷，高温、干旱、大风时不要施药，苗期、花期耐药力弱时应慎用或降低浓度。可根据作物需要增施肥料，重视根外补肥，可用0.1%～0.3%的磷酸二氢钾或1%～2%尿素、芸薹素内酯、爱多收等叶面肥进行喷施，以促进作物根系发育，尽快恢复生长。

减数分裂期敌敌畏药害

分蘖盛期敌敌畏药害

穗期敌敌畏药害

敌敌畏药害

二氯喹啉酸药害

症状：秧苗药害后心叶纵卷并愈合成直立葱管状，叶尖部多能展开，叶色正常或浓绿，新生叶片因上部组织愈合而难伸展，包颈成圆环状，心叶下部有一淡黄色环，典型的激素型药害症状。根系差，剥开茎秆，可见新叶内卷。受害严重的秧苗心叶卷曲成葱管状，移栽到大田后一般均枯死；若能成活，所形成的分蘖苗也是畸形的，有的甚至整丛稻株枯死。药害轻的秧苗，茎基部膨大、变硬、变脆，心叶变窄并扭曲畸形，但移栽到大田后长出的分蘖苗仍正常生长。

二氯喹啉酸药害造成叶片葱管状

二氯喹啉酸药害

二氯喹啉酸药害造成秧苗嫩茎皱缩

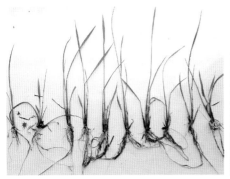

二氯喹啉酸秧苗不同程度药害

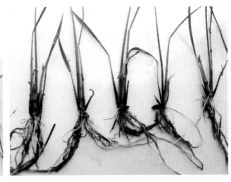

二氯喹啉酸药害使秧苗生长受到抑制，心叶扭曲畸形

秧苗3叶期以前或气温低于15℃使用易产生药害，药害症状一般在施药后10～15天出现。

防止和补救措施：秧苗应在3叶以后使用，秧苗期应严格掌握使用浓度，不重喷。在发生初期立即排水露田，以后采取间隙灌溉。如用毒土法撒施的田块，应及早灌水洗田，最大限度地减轻药害。可在田间撒施复合锌肥，也可以喷施叶面肥、植物生长调节剂等，常用的有芸薹素内酯等。处理后10～15天卷叶虽不能完全张开，但新生叶生长良好。也可在药害后每亩喷洒赤霉素0.5克，缓解药害程度，可混用尿素或磷酸二氢钾。严重田块应考虑翻耕重栽。

施用二氯喹啉酸的田块下一年不能种植甜菜、茄子、烟草、番茄、胡萝卜等，2年内不能种胡萝卜、番茄。此外，芹菜、香菜、胡萝卜等伞形花科作物对其非常敏感。

草甘膦药害

草甘膦药害一般为误用所致。在分蘖期当低剂量使用时产生轻度药害，短期内表现为失水状，叶片心叶抽不出或扭曲，产生高节位分蘖和不定气生根，叶片皱缩；剥开叶鞘，靠近节部的茎白化变色，茎部缢缩，后变褐腐烂。如当高剂量的农药（如杀虫双等）使用时，短期内一片枯黄，甚至出现成簇死亡。孕穗期使用，轻则剑叶抽不出，高节位分蘖明显增多和产生不定气生根，不能抽穗，即使能抽穗也不能结实。重则在短时间内出现黄化、褐变、枯死，像火烧状。

水稻秧田草甘膦药害

水稻分蘖期草甘膦药害

草甘膦药害靠近　　草甘膦药害穗颈部　　草甘膦药害导致高　　孕穗期草甘膦药
节部变褐绉缩　　　　不同危害程度　　　　节位分蘖　　　　　害使节附近变褐，
　　　　　　　　　　　　　　　　　　　　　　　　　　　　　　腐烂易折

水稻分蘖期草甘膦药害使分蘖增加，产生高　　水稻孕穗期草甘膦药害造成枯心
节位分蘖

防止和补救措施：除草剂要与杀虫剂、杀菌剂分开贮藏，要注意标签完整。如发现轻度药害后喷洒尿素作根外追肥，可减轻药害程度，促进根系发育和茎生长，增强作物补偿能力，分蘖期叶面喷施芸薹素内酯。严重田块应考虑翻耕重栽或改种。

乙草胺及其复配制剂药害

症状：秧苗期药害致新叶不能抽出，生长停滞，形成弱苗。水稻移栽后药害表现为植株矮小，生长缓慢，叶尖皱缩，新叶扭曲成环状，难以正常抽出，根系不发达，不分蘖或少分蘖。轻时叶片落黄，重时叶片严重畸

乙草胺复配制剂药害表现为植株矮小，生长缓慢，不分蘖或少分蘖

乙草胺复配制剂药害严重造成秧苗枯死

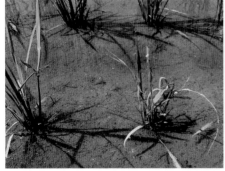

乙草胺复配制剂药害

形，卷曲皱缩，甚至枯死。

乙草胺可被植物幼芽吸收，在植物体内干扰核酸代谢及蛋白质合成，使幼芽、幼根停止生长。禾本科杂草受药害后新叶卷曲萎缩，其他叶皱缩，整株枯死。禾本科植物主要通过芽鞘吸收药剂，因此应在杂草出土前施药，进行土壤封闭处理，否则防效不佳。黄瓜、水稻、菠菜、小麦、韭菜、谷子、高粱等作物对乙草胺敏感，不宜使用该药。

防止和补救措施：①发现药害田块首先要排清田水，灌入新鲜的活水。②耘田中耕，把表层土吸附的药剂翻入深土中，减少药剂对水稻根系的作用。耘田后2～3天亩施进口复合肥2～4千克，促根长叶，加快生长。③施用生根剂。排水、耘田及施肥后，最好能亩施浓度为200毫克/千克的ABT生根剂200千克，对促根有较好效果，可加快生长速度。

黏附性化肥灼伤

症状：细晶粒状硫酸铵易黏附在湿润的水稻叶面上，使局部叶片的叶绿素遭受破坏而呈现半透明的不规则白斑。当白斑横跨叶面时，叶片常在被害处折断枯死。

粉末状碳酸氢铵更易黏附在叶面上，叶片黏附点出现紫褐色不规则枯斑，严重的叶片枯死。

氯化钾作根外追肥浓度过高或喷施的液珠因蒸发浓缩，会使叶面出现

硫酸铵黏附性灼伤造成叶片被害处折断

褐色枯斑，或整个叶片呈暗绿色卷缩。稻穗受害颖壳上出现褐斑，使穗头呈斑花状，俗称"花稻头"，严重的整个稻穗均呈深褐色。这种灼伤的谷粒常可导致稻谷枯病菌的侵害而成为秕谷。

防止和补救措施：在早晨露水未干、雾气未散或雨后稻叶上还存在水珠时，施用硫酸铵等化肥，黏附在叶片上，造成局部浓度过高而失水灼伤。因此必须避免在上述情况下施用硫酸铵、碳酸氢铵等化肥。氯化钾根外追肥浓度过高，或桶底沉淀的高浓度肥液喷射，也是引起肥害的重要原因，一定要严格掌握好浓度，避免沉淀。

碳酸氢铵熏伤

症状：受害稻叶呈均匀的橙黄色，以后整张叶片转呈黄褐色，并自叶尖向下枯黄，重者枯死。氨水挥发出来的氨气，会随风扩散，波及面较大，可造成大片稻株上部叶片熏伤。固体碳酸氢铵肥料施在田面不平、灌水不匀或干田面上，可造成局部稻株熏伤，叶片也多现橙黄色，随后呈黄褐色枯死，一般是下部叶片受害较严重。

防止和补救措施：在早晨露水未干、雾气未散或雨后稻叶上还存在水珠时，必须避免施用硫酸铵、碳酸氢铵等化肥。施用基肥要合理，特别是碳酸氢铵数量不宜过多，而且应在插秧前一天，翻入土中，以免高温氨气熏伤秧苗。追肥不宜过量，防止僵苗。

碳酸氢氨肥害造成叶片自叶尖向下枯黄

水稻害虫

（一）食叶类害虫

1.结苞危害类

稻纵卷叶螟

学名： *Cnaphalocrocis medinalis* Guenée。

稻纵卷叶螟属鳞翅目草螟科，是一种典型的迁飞性害虫，也是水稻上危害严重的主要害虫之一。除危害水稻外，还可取食大麦、小麦、甘蔗、粟等作物及稗、李氏禾、雀稗、双穗雀稗、马唐、狗尾草、蟋蟀草、茅草、芦苇等杂草。

形态特征： 成虫体长7～9毫米，淡黄褐色，前翅有两条褐色横线，两线间有1条短线，外缘有暗褐色宽带；后翅有两条横线，外缘亦有宽带。卵长约1毫米，椭圆形，扁平而中间稍隆起，初产白色透明，近孵化时淡黄

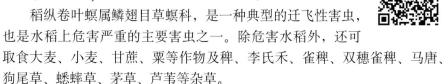

稻纵卷叶螟卵

稻纵卷叶螟雌成虫

稻纵卷叶螟雄成虫

色，被寄生卵为黑色。幼虫老熟时体长14～19毫米，低龄幼虫绿色，后转黄绿色，成熟幼虫橘红色。蛹长7～10毫米，初黄色，后转褐色，长圆筒形。

稻纵卷叶螟二龄幼虫

稻纵卷叶螟一龄幼虫
（头部黑色）

稻纵卷叶螟三龄幼虫

稻纵卷叶螟四
龄幼虫

稻纵卷叶螟茧

稻纵卷叶螟五龄幼虫

稻纵卷叶螟蛹

稻纵卷叶螟预蛹

稻纵卷叶螟老熟幼虫

危害状：以幼虫危害水稻，缀叶成纵苞，躲藏其中取食上表皮及叶肉，仅留白色下表皮。苗期受害影响水稻正常生长；分蘖期至拔节期受害，分蘖减少，生育期推迟；孕穗后特别是抽穗到齐穗期剑叶被害，影响开花结实，空壳率提高，千粒重下降。

发生规律：海南1年发生9～11代，两广地区为6～8代，长江中下游地区为4～6代，东北、华北为1～3代。成虫具有典型的迁飞习性，8月底以前以偏南气流为主，蛾群由南往北逐代北迁，发生期由南至北依次推迟；8月以后以偏北气流为主，转而由北向南回迁，

稻纵卷叶螟低龄幼虫危害状

约有3次回迁过程。生长发育适宜温度为22～28℃，适宜相对湿度>80%。成虫有趋光性、栖息趋隐蔽性和产卵趋嫩性。卵多产在叶片中脉附近。温度30℃以上或相对湿度70%以下，不利于活动、产卵和生存。一龄幼虫在分蘖期爬入心叶或嫩叶鞘内侧啃食。在孕穗抽穗期，则爬至老虫苞或嫩叶鞘内侧啃食。二龄幼虫可将叶尖卷成小虫苞，然后吐丝纵卷稻叶形成新的虫苞，幼虫潜藏虫苞内啃食。幼虫蜕皮前，常转移至新叶重新作苞。第四、五龄幼虫食量占总取食量的95%左右，危害最大。老熟幼虫在稻丛基部的黄叶或无效分蘖的嫩叶苞中化蛹，有的在稻丛间，少数在老虫苞中。多雨日及多露水的高湿天气，有利于其发生。第三代开始蛾峰次多，盛蛾期长，

稻纵卷叶螟卷苞危害状

水稻穗期稻纵卷叶螟严重危害状

发生量大，危害重。长江中下游稻区常年5月下旬至6月中旬迁入，以7～9月为主害期，主要危害迟熟早稻、单季晚稻和双季晚稻。

　　防治方法：①加强肥水管理，施足基肥，早施追肥，使水稻生长健壮、整齐；做到前期不徒长，后期不贪青，提高水稻抗虫能力，缩短危害期。②适时用药。在卵孵高峰期每亩可用80%杀虫单可溶性粉剂50～60克；在卵孵高峰后1～2天每亩可用40%氯虫·噻虫嗪水分散粒剂10克、20%氯虫苯甲酰胺悬浮剂10毫升、6%乙基多杀菌素悬浮剂20～30毫升、10%四氯虫酰胺悬浮剂30～40毫升；孵化高峰至二至三龄幼虫高峰用药，可选用6%阿维·氯苯酰悬浮剂40～50毫升，加水30～45千克细喷雾。失治田块可用15%茚虫威悬浮剂12毫升进行补治。当虫量较大或世代重叠严重，一次尚不能有效控制稻纵卷叶螟危害时，过5～7天再用药一次。稻纵卷叶螟为叶面害虫，施药应以弥雾或细喷雾为佳。施药时间一般以早、晚两头为好。如遇阴雨天气必须雨停抓紧用药，不能延误。因水稻对稻纵卷叶螟的危害有一定的补偿能力，尤以分蘖期补偿能力较强，因此一般年份可放宽分蘖期防治。

直纹稻弄蝶

　　学名：*Parnara guttata* (Bremer et Grey)。

　　直纹稻弄蝶又名稻苞虫、直纹稻苞虫，属鳞翅目弄蝶科。除危害水稻外，还可危害甘蔗、玉米、麦类、高粱、竹子、谷子、茭白等作物，并能在游草、狗尾草、稗等多种杂草上取食存活。

　　形态特征：成虫体长17～19毫米，体背及翅黑褐色带金黄色光泽，触角棍棒状，前翅有白色半透明斑纹7～8个，排列成半环形，后翅中央有4个半透明白斑，排列成一直线。卵半球形，直径0.8毫米，顶端略凹陷，表面有六角形细纹，初产时淡绿色，后变褐色，将孵化时为紫黑色。成熟幼虫体长35～40毫米，头大，前胸小，似颈状，体呈纺锤形；头部正面有W形纹，气门红褐色，大而内凹，老熟幼虫腹部第四至七节两侧各有一块白色蜡质分泌

直纹稻弄蝶成虫

物。蛹长25毫米，头平滑，尾尖，
黄褐色，第五至六腹节腹面中央有
一倒"八"字形纹，体表被白粉，
外有白色薄茧。

直纹稻弄蝶成虫展开状

直纹稻弄蝶老熟幼虫

直纹稻弄蝶幼虫头部及其W形纹

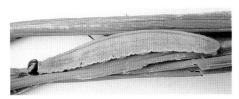

直纹稻弄蝶幼虫

直纹稻弄蝶蛹

危害状：幼虫孵化后，爬至叶片边缘或叶尖处吐丝缀合叶片，一至二龄幼虫在叶片边缘或叶尖咬一缺刻，再吐丝将叶缘卷成圆筒状，纵卷2～4厘米虫苞，潜伏在其中危害。三龄以后结苞长10厘米，亦常单叶横折成苞；四龄后开始多片叶成苞，虫龄越大，缀合的叶片越多，虫苞越大。食后叶片残缺不全，严重时仅剩中脉。

直纹稻弄蝶幼虫危害分蘖期水稻造成虫苞

直纹稻弄蝶化蛹虫苞

直纹稻弄蝶幼虫危害造成叶片缺刻

发生规律：华南1年发生6～7代，以8～9月发生的第四、五代虫量最大；浙江1年发生4～5代；江苏、安徽1年发生4代。以幼虫在田边、沟边、塘边等处的芦苇、李氏禾等杂草间及茭白、稻桩和再生稻上结苞越冬。主要危害连作晚稻、单季晚稻和中稻。卵散产，在水稻上以叶背近中脉处为多；在叶色浓绿、生长茂盛的分蘖期稻田里产卵量大。该虫为间歇性猖獗的害虫，其大发生的气候条件是适温24～30℃，相对湿度75%以上。一般时晴时雨，尤其是昼雨夜晴的天气易发生，高温干旱则少发生。

防治方法：该害虫的虫口数量一般较低，除受害较重的局部地区外，一般无须专门用药防治，可以结合对其他害虫的防治进行兼治。但在虫口密度较大时应进行防治，药剂同稻螟蛉。

2.不结苞危害类

稻螟蛉

学名：*Naranga aenescens* Moore。

稻螟蛉又称双带夜蛾、稻青虫、粽子虫、量尺虫，属鳞翅目夜蛾科。

除危害水稻外，还危害高粱、玉米、甘蔗、茭白及多种禾本科杂草。

形态特征：雄蛾体长6～8毫米，深黄色，前翅有2条平行的紫褐色宽斜纹，雌蛾体长8～10毫米，前翅黄色，上有2条断续的暗紫褐色斜纹。卵呈馒头形，直径0.45～0.5毫米，表面由放射状的纵纹和细横纹相交成方格，初产时淡黄色，以后上部呈现紫色环纹，孵化前紫色。幼虫体长约23毫米，体绿色，头部黄绿色或淡褐色，背线、亚背线白色，气门线淡黄色。第一对腹足退化为乳突状，第二对腹足也短小，故行动似尺蠖。蛹隐藏在三角形叶苞内，初绿色，后变褐色，可见前翅斜纹，腹部呈现浓褐色的气门，腹部末端有钩刺4对，中央的1对最长。

稻螟蛉雄成虫

稻螟蛉雌成虫

稻螟蛉幼虫及危害状

稻螟蛉蛹

危害状：以幼虫食害稻叶，一至二龄先食叶面组织，致使叶面出现枯黄线状条斑或白色条纹，三龄后将叶片食成缺刻，严重时将叶片咬成破碎不堪，仅剩中肋。秧苗期受害最重。

稻螟蛉幼虫危害状　　　　　稻螟蛉危害造成叶苞

发生规律：吉林1年发生3代，湖北5代，浙江、江西5～6代，福建、广东6～7代，以蛹在田间的稻丛、稻秆、杂草等的叶苞及叶鞘间越冬。成虫白天潜伏，夜间活动，趋光性强。卵多产于稻叶中部，也有少数产于叶鞘，排成1或2行，也有个别单产。叶色青绿的叶片产卵多。幼虫在叶上活动时，一遇惊动即跳跃落水，再游水或爬到别的稻株上危害。老熟幼虫在叶尖吐丝把稻叶曲折成粽子样的三角苞，藏身苞内，咬断叶片，使虫苞浮落水面，然后在苞内结茧化蛹。田边、路边、沟边杂草丛生的稻田发生量大；氮肥施用过量或过迟、生长嫩绿的稻田着卵量多，虫口大，受害重；一般7～8月危害较重。田边、路边、沟边杂草丛生的稻田发生量大。

防治方法：①化蛹盛期摘去并捡净田间三角蛹苞。②一般可在防治螟虫、稻纵卷叶螟等害虫时得以兼治，但在危害较重的稻区可采取铲除田边杂草，成虫盛发期开灯诱蛾等措施，并在低龄幼虫高峰期用药。药剂可选用15%三唑磷微乳剂100～125毫升，或40%毒死蜱乳油75～100毫升，或20%氯虫苯甲酰胺悬浮剂10毫升，或50%辛硫磷乳油75～100毫升。

稻眼蝶

学名：*Mycalesis gotama* Moore。

稻眼蝶又名黄褐蛇目蝶、日月蝶、蛇目蝶、短角眼蝶，属鳞翅目眼蝶科。

形态特征：成虫静止时翅直立背上。体长约16毫米，翅正面灰褐色，反面灰黄色，翅外缘钝圆。前翅正反面有2个眼斑各自分开，前小后大，眼斑中央呈白色，中圈粗，呈黑色，外圈细，呈黄色。后翅正面无眼斑，反面有5～7个大小不一的眼斑。卵球形，直径0.9毫米，米黄色，近孵化时褐色。幼虫体长30毫米，草绿色，纺锤形，头部有1对角状突起，形似猫头，腹末有1对尾角。蛹初绿色，后变灰褐色，腹背隆起呈弓状。

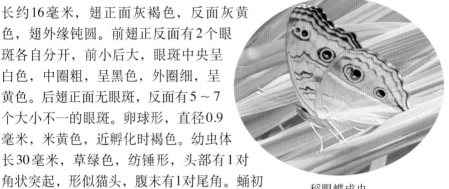

稻眼蝶成虫

危害状：幼虫沿叶缘危害叶片成不规则缺刻，影响水稻生长发育。

发生规律：浙江、福建1年发生4～5代，华南5～6代，田间世代重叠，以蛹或末龄幼虫在稻田、河边、沟边及山间杂草上越冬。初孵幼虫先吃卵壳，后取食叶缘，三龄后食量大增。老熟幼虫经1～3天不食不动，便吐丝黏着叶背倒挂半化空化蛹。以晚稻受害相对较重。

防治方法：结合冬春积肥，及时铲除田边、沟边、塘边杂草，压低越冬虫口数量。一般不专门防治，可结合螟虫等进行兼治。

斜纹夜蛾

学名：*Spodoptera litura* (Fabricius)（异名：*Prodenia litura*）。

斜纹夜蛾属鳞翅目夜蛾科，是我国农业生产上的主要害虫种类之一，是一种间歇性发生的暴食性害虫，多次造成灾害性危害。

形态特征：成虫体长14～20毫米，翅展30～40毫米，深褐色。前翅灰褐色，前翅环纹和肾纹之间由3条白线组成明显的较宽斜纹，自基部向外缘有1条白纹。外缘各脉间有1条黑点。卵馒头状、块产，表面覆盖有棕黄色的疏松绒毛。幼虫体长35～47毫米，体色多变，从中胸到第九腹节上有近似三角形的黑斑各1对，其中第一、七、八腹节上的黑斑最大。腹足4对。蛹长15～20毫米，腹背面第四至七节近前缘处有一小刻点，有1对较大的臀刺。

危害状：卵产在叶背，初孵幼虫集中在叶背危害，残留透明的上表皮，使叶形成纱窗状，三龄后分散危害，开始逐渐四处爬散或吐丝下坠分散转移危害，取食叶片或较嫩部位造成许多缺刻。虫口密度高时，叶片被吃光，仅留主脉。

斜纹夜蛾成虫

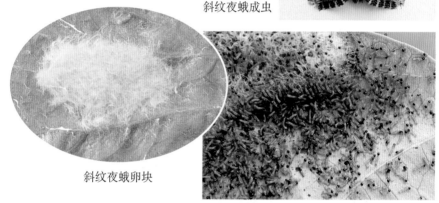

斜纹夜蛾卵块

斜纹夜蛾初孵幼虫（头部黑色）

斜纹夜蛾不同体色幼虫

斜纹夜蛾蛹

斜纹夜蛾幼虫危害状

发生规律：在长江流域1年发生5～6代，世代重叠，主要发生期在7～9月。成虫夜间活动，对黑光灯有趋性，还对糖、醋、酒及发酵的胡萝卜、麦芽、豆饼、牛粪等有趋化性，产卵前需取食蜜源补充营养，白天躲藏在植株茂密的叶丛中，黄昏时飞回开花植物，卵多产于植株中、下部叶片的反面，多数多层排列，卵块上覆盖棕黄色绒毛。

防治方法：①利用成虫有趋光性和趋糖醋性的特点，可用频振式杀虫灯和糖醋盆等工具诱杀。②应用生物农药和高效、低毒、低残留农药，在卵孵高峰至低龄幼虫盛发期，突击用药。初孵幼虫聚集在卵块附近活动，三龄后分散，因此最好在三龄幼虫前施药。斜纹夜蛾幼虫具昼伏夜出的特性，因此以傍晚喷药为佳。最好是选在傍晚6时以后施药，使药剂能直接喷到虫体和食物上，触杀、胃毒并进，增强毒杀效果。低龄幼虫药剂可选用20%氯虫苯甲酰胺悬浮剂10～12毫升，或5%啶虫隆乳油。高龄幼虫可用15%茚虫威悬浮剂8～12毫升，或5%甲氨基阿维菌素苯甲酸盐水分散粒剂4 000倍液。也可用斜纹夜蛾性诱剂诱杀成虫。

中华稻蝗

学名：*Oxya chinensis* (Thunberg)。

中华稻蝗属直翅目蝗科。除危害水稻外，还可危害菰、玉米、高粱、甘蔗、豆科、锦葵科、茄科等多类植物。

形态特征：成虫体长30～44毫米，雌大雄小，黄绿色或黄褐色，触角褐色，丝状。头部两侧复眼后方各有1条深褐色纵带，直达前胸背板后缘及翅基部。雄虫尾须近圆锥形，雌虫下生殖板表面向外突出。卵长约4毫米，长圆筒形，中部稍弯，两端纯圆，深黄色，平均由30多粒卵不很整齐地斜排成卵块，卵块处包有坚韧胶质卵囊。若虫称蝗蝻，形似成虫，一般6龄。体绿色，胸背面中央为浅色纵带。

中华稻蝗成虫

中华稻蝗蝗蝻

中华稻蝗羽化壳

危害状：成虫、若虫取食水稻叶片，多从叶片的边缘开始取食，轻者吃成缺刻，重者全叶吃光，仅残留稻秆。也可危害穗颈和谷粒，形成白穗和秕谷、缺粒。

发生规律：北方1年发生1代，南方2代。各地均以卵块在田埂、荒滩、堤坝等土中或杂草根际、稻茬株间越冬。越冬卵于翌年3月下旬至清明前孵化；一至二龄若虫多集中在田埂或

中华稻蝗蝗蝻及其危害状

中华稻蝗危害状

水稻穗期中华稻蝗危害状

路边杂草上；三龄开始分散迁入秧田食害秧苗，水稻移栽后再由田边逐步向田中央扩散，取食稻叶，食量渐增；四龄起食量大增，且能咬茎和谷粒；至成虫时食量最大。成虫飞翔力强，对白光和紫光有明显趋性。低龄若虫在孵化后有群集生活习性，7～8月水稻处于拔节孕穗期是稻蝗大量扩散危害期，7月中旬至8月中旬羽化为成虫，6月初至8月中旬田间各龄若虫重叠发生，9月中下旬为成虫产卵盛期，9月下旬至11月初成虫陆续死亡。

　　道路、田埂、沟边、田头地角、荒地等杂草丛生，有利于蝗虫栖息和繁殖，田埂边发生重于田中间。沿湖、沿渠、低洼地区发生重，早稻田重于晚稻田，晚稻秧田重于本田，单双季稻混栽区，随着早稻收获，单季稻和双季晚稻秧田常集中受害。

　　防治方法：①消灭越冬虫源，减少向本田迁移的基数。②秋冬季修整渠沟、铲除草皮，春季平整田埂、除草，可大量减少越冬虫源。③在稻蝗一、二龄期，重点对田间地头、沟渠及周围荒地杂草及时进行防治，以压低虫口密度，减少稻蝗迁移本田基数。④分蘖期放鸭啄食。⑤药剂防治。主要抓好蝗蝻未扩散前集中在田埂、地头、沟渠边等杂草上以及蝗蝻扩散前期大田田边5米范围内稻苗及时用药。当蝗虫大多处于三龄前及时用药防治，用蝗虫微孢子虫以250亿个孢子/公顷的浓度进行防治。化学药剂每亩可选用15%三唑磷微乳剂120毫升，或50%辛硫磷乳油75～100毫升，也可在低龄若虫期喷施5%氟虫脲乳油（卡死克）50～75毫升，加水超低量喷雾。在施药时除了荒田、荒地、荒滩和田边、稻田田埂等杂草较多的地方外，还应将稻田周围5～6行列为防治对象。

短额负蝗

学名：*Atractomorpha sinensis* Bolivar。

短额负蝗又名中华负蝗、尖头蚱蜢、小尖头蚱蜢，属直翅目锥头蝗科。除危害水稻、小麦、玉米、烟草、棉花、芝麻、麻类外，还危害甘薯、甘蔗、白菜、甘蓝、萝卜、豆类、茄子、马铃薯等各种蔬菜及园林花卉植物。

形态特征：成虫体长20～30毫米，绿色或褐色（冬型）。头尖削，绿色型自复眼起向斜下有1条粉红纹，与前、中胸背板两侧下缘的粉红纹衔接。体表有浅黄色瘤状突起；后翅基部红色，端部淡绿色；前翅长度超过后足腿节端部约1/3。卵长椭圆形，中间稍凹陷，一端较粗钝，黄褐至深黄色，卵壳表面呈鱼鳞状花纹。卵粒在卵块内倾斜排列成3～5行，并有胶丝裹成卵囊。若虫共5龄：一龄若虫草绿稍带黄色，前、中足褐色，有棕色环若干，全身布满颗粒状突起；二龄若虫体色逐渐变绿，前、后翅芽可辨；三龄若虫前胸背板稍凹以至平直，翅芽肉眼可见，前、后翅芽未合拢盖住后胸一半至全部；四龄若虫前胸背板后缘中央稍向后突出，后翅翅芽在外侧盖住前翅芽，开始合拢于背上；五龄若虫前胸背板向后方突出较大，形似成虫，翅芽增大到盖住腹部第三节或稍超过。

短额负蝗成虫　　　　　　　　　短额负蝗若虫

危害状：同中华稻蝗。

生活习性：在华北1年发生1代，江西2代，以卵在沟边土中越冬。5月下旬至6月中旬为孵化盛期，7～8月羽化为成虫。喜栖于植被多、湿度大、植物茂密的环境，在沟渠两侧发生多。

防治方法：短额负蝗通常零星发生，可结合中华稻蝗进行防治，一般不单独采取药剂防治。具体参考中华稻蝗。

短额负蝗危害状

黏虫

学名：*Mythimna separata* (Walker)。

黏虫又名夜盗虫、剃枝虫，俗名五彩虫、麦蚕等，属鳞翅目夜蛾科。可危害麦、稻、粟、玉米等禾谷类粮食作物及棉花、豆类、蔬菜等16科104种以上植物。因其群聚性、迁飞性、杂食性、暴食性，成为全国性重要农业害虫。

形态特征：成虫体长15～17毫米，翅展36～40毫米。头部与胸部灰褐色，腹部暗褐色。前翅灰黄褐色、黄色或橙色，变化很多；前翅中央前缘各有2个淡黄色的圆斑，外侧圆斑后方有一小白点，白点两侧各有一

黏虫成虫

小黑点，顶角具1条伸向后缘的黑色斜纹。后翅暗褐色，向基部色渐淡。卵半球形，初产白色，渐变黄色，有光泽。卵粒单层排列成行成块。老熟幼虫体长38毫米。头红褐色，头盖有网纹，额扁，两侧有褐色粗纵纹，高龄幼虫头部沿蜕裂线有"八"字纹，外侧有褐色网纹。体色由淡绿至浓黑，变化甚大。体背具各色纵条纹，背中线白色较细，两边为黑细线，亚背线为红褐色，上下镶灰白色细条，气门线黄色，上下具白色带纹。蛹长约19毫米，红褐色，腹部五至七节背面前缘各有1列齿状点刻；臀棘上有刺4根，中央2根粗大，两侧的细短刺略弯。

黏虫幼虫头部"八"字纹

黏虫低龄幼虫　　　　　　　　黏虫幼虫

黏虫蛹

黏虫茧

危害状：初龄幼虫仅能啃食叶肉，使叶片呈现白色斑点或条状斑纹，三龄后沿叶缘可蚕食叶片成缺刻，五至六龄幼虫进入暴食期。严重时可将稻株吃成光秆，穗期可咬断穗子或咬食小枝梗，引起大量落粒。大发生时可在1～2天内吃光成片作物，造成严重损失。

发生规律：我国从北到南1年可发生2～8代，东北、内蒙古2～3代，华北中南部3～4代，淮河流域4～5代，长江流域5～6代，华南6～8

代。黏虫抗寒力不强，在我国北方不能越冬。在北纬32°以南如湖南、湖北、江西、浙江一带，能以幼虫或蛹在稻桩、杂草、绿肥、麦田等处的表土下或土缝里过冬。在北纬27°以南的华南地区，黏虫冬季仍可继续危害，无越冬现象。

黏虫幼虫危害状

　　成虫顺风迁飞，飞翔力强，有昼伏夜出习性，傍晚开始活动。成虫对糖醋液趋性强，产卵趋向黄枯叶片。在稻田多把卵产在中上部半枯黄的叶尖上，着卵枯叶纵卷成条状。初孵幼虫有群集性，一、二龄幼虫多在植株基部叶背或分蘖叶背光处危害，三龄后食量大增，并有假死性。受惊动迅速卷缩坠地，畏光，晴天白昼潜伏在根处土缝中，傍晚后或阴天爬到植株上危害。幼虫发生量大，食料缺乏时，常成群迁移到附近地块继续危害，老熟幼虫入土1～3厘米做土室化蛹。该虫适宜温度为10～25℃，相对湿度为85%。产卵适温19～22℃，适宜相对湿度为90%左右，气温低于15℃或高于25℃，产卵明显减少，气温高于35℃即不能产卵。该虫成虫需取食花蜜补充营养，遇蜜源丰富，产卵量高；幼虫取食禾本科植物的发育快，羽化的成虫产卵量高。在密植、多肥、灌溉条件好、生长繁茂的小麦、谷子、水稻田或荒草多的玉米、高粱地里发生较多。

　　防治方法：①在成虫产卵前期诱杀成虫，幼虫发生期放鸭啄食。②可用糖醋液、黑光灯、频振式杀虫灯等诱杀成虫。③重发稻田，可在幼虫二至三龄高峰前及时用药。药剂可参照斜纹夜蛾。

福寿螺

　　学名： *Ampullarium crosseana* Hidalgo（**异名：** *Pomacea canaliculata* Lamarck，*Ampullaria gigas* Spix）。

　　福寿螺又名大瓶螺、苹果螺，属软体动物门中腹足目瓶螺科。该螺起

源于南美洲，目前已被列入中国首批外来入侵物种。危害水稻、茭白、莲、菱角、空心菜、芡实等水生作物及喜旱莲子草、紫背浮萍、水葫芦等。

　　形态特征：贝壳外观与田螺相似。具一螺旋状的螺壳，颜色随环境及螺龄不同而异，有光泽和若干条细纵纹，爬行时头部和腹足伸出。头部具触角2对，前触角短，后触角长，后触角的基部外侧各有1只眼睛。螺体左边具1条粗大的肺吸管。成贝壳厚，壳高7厘米，幼贝壳薄，贝壳的缝合线处下陷呈浅沟，壳脐深而宽。雌雄同体，异体交配。卵圆形，直径2毫米，初产卵粉红色至鲜

福寿螺卵块

红色，卵的表面有一层不明显的白色粉状物，在快要孵化时变成浅粉红色。卵块椭圆形，大小不一，卵粒排列整齐，卵层不易脱落，鲜红色，小卵块仅数十粒，大的可达千粒以上。

福寿螺（左）与田螺（右）比较

福寿螺危害状

　　危害状：一般水稻从播种至移栽前都会受害福寿螺啮食，福寿螺孵化后稍长即开始啮食水稻等水生植物，尤喜幼嫩部分，播种时啮食稻种的芽胚。水稻插秧后至晒田前是主要受害期。还可咬剪水稻幼苗整株，或主蘖及有效分蘖，致有效穗减少而造成减产。

　　发生规律：1年发生2～3代，以幼螺或成螺在稻丛基部或稻田土表下2～3厘米深处越冬，亦可在田边或灌溉渠、河道中越冬。各代螺世代重叠。越冬后的成螺于4月开始活动，5月开始产卵，6月气温回升后产卵明

福寿螺取食
叶片

福寿螺大田严重危害状

显增多。近距离主要随水流传播，尤其是可随田水串灌扩散。福寿螺耐旱力、繁殖力极强，1只雌螺经1年两代共繁殖幼螺32.5万余只。5～6月和8～9月是产卵和孵化高峰期。福寿螺怕强光、白天活动较少，夜晚多在水面摄食，其感觉较灵敏，遇有敌害，便下沉水底。在高温季节，水质较好，饲料充足，生长快；相反，摄食能力下降，生长减慢。福寿螺喜欢生活在水质清新、饵料充足的淡水中，多群集栖息于池边浅水区，或吸附在水生植物茎、叶上，或浮于水面，能离开水体短暂生活。

防治方法：①可在福寿螺发生区的田块、沟渠放养鸭子。②平时结合农事操作，见螺及卵块随即消灭，特别在春秋两季福寿螺产卵高峰期摘卵捡螺。③用楝树叶、芋头、香蕉、木瓜等引诱物可收集福寿螺，或在田中插一些毛竹桩可诱集福寿螺产卵，然后集中销毁。④在主要灌溉水进出口处放一张金属丝网或竹网，避免因串灌流入，阻止其相互传播。⑤药剂防治。可在水稻移栽前田间保持浅水状态，通过追施基肥（每亩用碳酸氢铵25～30千克）灭螺；当稻田每平方米平均有螺2～3头以上时，宜在水稻移栽后7～10天成螺产卵前用药。药剂可选用6%多聚乙醛颗粒剂0.5～0.7千克，或50%杀螺胺乙醇胺盐可湿性粉剂60～80克，拌细沙5～10千克撒施，施药后保持3～4厘米水层3～5天。

（二）钻蛀性害虫

二化螟

学名：*Chilo suppressalis* (Walker)。

二化螟属鳞翅目草螟科，是我国水稻上危害最为严重的常发性害虫之一。除危害水稻外，还能危害茭白、玉米、高粱、甘蔗、油菜、蚕豆、麦类以及芦苇、稗、李氏禾等杂草。

二化螟雌成虫

形态特征：成虫体长13～16毫米，触角丝状，前翅近长方形，黄褐色，外缘有6～7个小黑点。雄蛾体较小，翅面布满褐色不规则小点，色较深，雌蛾色较淡。卵扁椭圆形，由10余粒至百余粒组成卵块，排列成鱼鳞状，初产时乳白色，将孵化时灰黑色。老熟幼虫体长20～30毫米，体背有5条褐色纵线，腹面灰白色。蛹长10～13毫米，淡棕色，前期背面尚可见5条褐色纵线，中间3条较明显，后期逐渐模糊，足伸至翅芽末端。

危害状：危害分蘖期水稻，造成枯鞘和枯心苗；危害孕穗、抽穗期水稻，造成枯孕穗和白穗；危害灌浆、乳熟期水稻，造成半枯穗和虫伤株、白穗。幼虫蛀入稻茎后剑叶尖端变黄，严重的心叶枯黄而死，受害茎上有蛀孔，孔外虫粪很少，茎内虫粪多，黄色，稻秆易折断。有别于大螟和三化螟危害造成的枯心苗。

发生规律：在我国一年发生1～5代，由北往南递增，东北地区1～2代，黄淮流域2代，长江流域和广东、广西2～4代，海南5代。以老熟幼虫在稻草、稻桩及其他寄主植物根颈、茎秆中越冬。

成虫白天潜伏于稻丛基部及杂草中，夜间活动，趋光性强，产卵有趋高大、嫩绿的习性。喜欢在植株高大、茎秆粗壮、生长嫩绿茂密的稻苗上产卵。稀植、高秆、茎粗、叶宽、色深的稻田和品种最易诱致二化螟产卵。

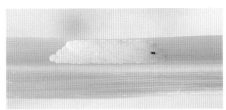

二化螟卵块

叶鞘内的二化螟初孵幼虫（头部黑色）

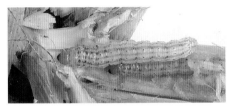

二化螟高龄幼虫

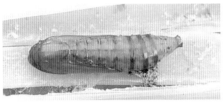

二化螟蛹

二化螟危害造成叶鞘变色

二化螟危害造成枯心苗

二化螟危害造成枯心团

二化螟危害造成枯心

二化螟危害造成枯孕穗

二化螟危害造成白穗

幼虫先侵入叶鞘集中危害，经过2～4天后叶鞘变枯黄色造成枯鞘；经过7～15天，幼虫达到二龄末期后，开始蛀食心叶，造成枯心；三龄开始转株危害，除造成枯鞘外，也可造成枯心苗。孕穗期危害可造成枯孕穗；抽穗期危害可造成白穗；灌浆期危害可造成虫伤株。初孵幼虫在苗期水稻上一般分散或几条幼虫集中危害；在大的稻株上，一般先集中危害，数十至百余条幼虫集中在同一稻株叶鞘内，至三龄幼虫后才转株危害。二化螟幼虫生活力强，食性广，耐干旱、潮湿和低温等恶劣环境，故越冬死亡率低。

南方各省份早稻种植面积调减，二化螟桥梁田、虫源田增加，加之近年晚稻机割面积扩大有利于二化螟越冬，导致一代二化螟危害明显加重。夏季高温，特别是水温超过30℃以上，对二化螟发育不利。一般籼稻比粳稻受害重，特别是杂交稻、超级稻由于秆粗叶阔，叶色浓绿，危害重。二化螟有在原田产卵的现象，上一代螟害重、遗留虫口密度高的稻田卵块密度也高，危害较重。

防治方法：对二化螟的防治，采取"狠治一代，重视二、三代，挑治四代，应用高效、低毒农药，把螟害损失降低到最低允许水平"的策略。①及时处理越冬稻草及稻桩，对菰遗株应在冬季齐泥割除并集中烧毁或沤肥。②对冬闲田、机割田在越冬代二化螟化蛹高峰期（浙江在4月中下旬）及时翻耕灌水淹没稻桩，消灭越冬幼虫和蛹。③二化螟性诱剂诱杀。④药剂防治。在一般年份蚁螟孵化高峰后5天内用药防治枯鞘和枯心苗；在各类型稻田的孵化始盛期到孵化高峰期用药防治虫伤株、枯孕穗和白穗。在分蘖期孵化高峰后5～7天，当每亩有枯鞘团100个或枯鞘株率1%～1.5%时；在破口孕穗期，当株害率达0.1%时，应进行药剂防治。每亩可用药剂34%乙多·甲氧虫酰肼悬浮剂25～30毫升，在卵孵高峰期至一龄以前用药；或40%氯虫·噻虫嗪水分散粒剂（福戈）10克，或20%氯虫苯甲酰胺水分散粒剂10毫升，或6%阿维·氯苯酰悬浮剂40～50毫升，于二化螟低龄幼虫高峰期进行防治，轮流交替使用，延缓抗性产生。用药时田间要有水层3～5厘米，药后保水5～7天以上，并要注意检查防效，以便及时补治。

大螟

学名：*Sesamia inferens* Walker。

大螟属鳞翅目夜蛾科，危害水稻、玉米、高粱、麦、粟、甘蔗、蚕豆、油菜、棉花、芦苇等。

形态特征：成虫体长12～15毫米，淡褐色，前翅近长方形，外缘色较深，中央有暗褐色纵线纹，上下各有2个小黑点。雄蛾触角短栉齿状，雌蛾触角丝状。卵扁球形，直径0.5毫米，表面有细纵隆线，卵粒平铺排列成2～3行。老熟幼虫体长30毫米，体粗壮，头红褐色，腹部背面紫红色。蛹较肥大，黄褐色，背面颜色较深，头、胸部有白色粉状物。

危害状：与二化螟相似，同样造成枯鞘、枯心苗、枯孕穗、白穗和虫伤株，但虫孔较大，有大量虫粪排出茎外。

发生规律：云贵高原1年发生2～3代，江苏、浙江3～4代，江西、湖南、湖北、四川4代，福建、广西及云南开远4～5代，广东南部、台湾6～8代。以三龄以上幼虫在稻桩、杂草根际及玉米、茭等残株中越冬，第二代才转入水稻田危害，因此越冬代成虫发生期长，峰次多，导致世代重叠。成虫趋光性不强，卵产于近叶枕处的叶鞘内侧，并有在田边稻丛上产卵的习性，故近田埂5～6行水稻虫口密度较高，危害较大，而田中央虫口密度小，危害轻。初孵幼虫一般群集在叶鞘内侧危害，二至三龄后转株危害，每虫一生危害3～4株，老熟幼虫在叶鞘或茎内化蛹。大螟成虫还喜欢产卵在秆高茎粗、叶阔色浓和叶鞘包颈较疏松的水稻上，所以早栽、早发、生长茂盛的稻田受害危重；在浙江第一代蛾早发时，由于稻苗尚小，多数产卵于田边杂草上，孵化后迁入邻近边行稻株上危害。

防治方法：①早春前处理稻茬及其他越冬寄主残株。②在大螟卵盛孵前除稗，并铲除田埂杂草。③一般可在防治二化螟时进行兼治，但必须选

大螟成虫

大螟老熟幼虫

大螟蛹

水稻分蘖期大螟边行危害造成枯心

水稻穗期大螟边行危害状

大螟危害叶枕部

大螟危害穗轴

大螟老熟幼虫造成的虫孔与虫粪

择有兼治作用的药剂。当发生量较大时则需单独防治，以早栽早发的早稻、杂交稻以及大螟产卵期正处在孕穗至抽穗期或稻秆粗、叶大、浓绿的田块为重点防治对象田。当枯鞘率达5%或始见枯心苗时，以挑治田边6～7行水稻为主，掌握在一至二龄幼虫期用药，隔5～7天喷一次，一般防治2～3次。药剂参考二化螟。

大螟危害造成白穗

三化螟

学名：*Scirpophaga incertulas* (Walker) [**异名**：*Tryporyza incertulas* (Walker)]。三化螟属鳞翅目草螟科，只危害水稻或野生稻，是单食性害虫。

形态特征：成虫体长10～13毫米，前翅呈长三角形。雌蛾前翅淡橙黄色，中央有一明显的小黑点，腹部末端钝圆，有淡黄褐色绒毛。雄蛾比雌蛾小，前翅淡灰褐色，翅中央有不明显的小黑点1个，外缘有7个小黑点。卵长椭圆形，略扁，卵块有卵数十粒到百余粒，上覆黄褐色绒毛。初孵蚁螟头黑色，体灰黑色，胸腹部交接处有一白环纹；老熟幼虫体长14～21毫米，淡黄绿色，体背有1条半透明的纵线。蛹长12～13毫米，黄绿色，雄蛹腹部末端较瘦，后足长，伸到腹末；雌蛹比雄蛹胖而绿，腹部末端圆钝，后足短，只伸到第六腹节。

危害状：危害苗期、分蘖期水稻，造成枯心苗；危害孕穗期水稻，造成枯孕穗；危害破口抽穗期水稻，造成白穗。幼虫钻入稻茎蛀食危害，在寄主分蘖时出现枯心苗，孕穗期、抽穗期形成"枯孕穗"或"白穗"，严重的颗粒无收。苗期、分蘖期幼虫啃食心叶，心叶受害或失水纵卷，稍褪绿或呈青白色，外形似葱管，称做假枯心，把卷缩的心叶抽出，可见断面整齐，多可见到幼虫，生长点遭破坏后，假枯心变黄死去成为枯心苗，这时其他叶片仍为青绿色。受害稻株蛀入孔小，孔外无虫粪，茎内有白色细粒

三化螟雌成虫（傅强提供）　　三化螟雄成虫（傅强提供）　　三化螟卵块（傅强提供）

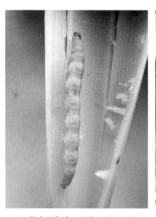

三化螟幼虫（傅强提供）　　　三化螟老熟幼虫　　　　　三化螟蛹（傅强提供）

虫粪。有别于大螟、二化螟危害造成的枯心苗。

　　发生规律：长江流域1年发生3～4代，以幼虫在稻桩中滞育越冬。成虫有强烈趋光性，喜欢在生长嫩绿茂盛，处于分蘖、孕穗至抽穗初期的稻田产卵，幼虫有转株危害的特性。冬、春季干旱，特别是越冬幼虫化蛹期干旱少雨，有利于幼虫越冬与化蛹，是第一代发生量大的预兆之一。

　　防治方法：采取防、避、治相结合的防治策略，以农业防治为基础，合理使用化学农药。用药适期除卵孵盛期与水稻孕穗末期至破口期相遇而必须用药之外，其余同二化螟相似，在卵孵盛期后至幼虫造成枯心或白穗之前用药。药剂同二化螟。

稻秆潜蝇

学名：*Chlorops oryzae* Matsumura。

稻秆潜蝇属双翅目秆蝇科，危害水稻，也寄生在游草、稗草与看麦娘上。

形态特征：成虫为鲜黄色小蝇，体长3～4毫米，头部有一个钻石形黑斑，胸部背面有3条黑褐色直线，腹部背面前缘有黑褐色横带，第一腹节背面两侧各有一黑点。卵呈长椭圆形，白色，上有纵裂细凹纹，孵化前转为淡黄色。幼虫体长6～7毫米，略呈纺锤形，全体淡黄色，体壁有光泽，尾端分两叉。蛹长6～7毫米，初乳白色，后转淡黄褐色，羽化前变深黄褐色，体形稍扁，尾端也分两叉，可透见内部蛹体轮廓。

稻秆潜蝇成虫

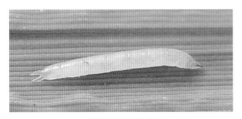

稻秆潜蝇幼虫

稻秆潜蝇蛹

危害状：幼虫钻害心叶、生长点及幼穗，心叶被害后，抽出的叶片上有椭圆形或长条形洞孔，以后发展为纵裂长条，叶片破碎，有的在心叶上形成一排圆孔，四周色淡或发黄，严重时抽出心叶扭曲而枯萎。夏季高温时由于取食时断时续，被害叶片仅形成细的裂缝，有的只见细小洞孔。生长点被害，则分蘖增多，植株矮小，抽穗延迟，穗头小而秕谷增加。幼穗受害，穗头变为扭曲的短小白穗，或穗形残缺不全，仅有稀疏的少量谷粒。幼穗受幼虫间歇危害，可形成花白穗。

发生规律：长江中下游1年发生3～4代，以幼虫在看麦娘、双穗雀稗、李氏禾、狗牙根等杂草上越冬，主要在山区发生危害。冬暖夏凉的气候适于稻秆潜蝇的发生；多露、阳光不足的潮湿环境，及田水温度低，发

稻秆潜蝇危害状　　　　　　稻秆潜蝇危害叶片成破叶

稻秆潜蝇危害穗

生危害重；早插田重于迟插田，生长嫩绿稻田重于生长一般稻田；籼稻重于粳、糯稻，杂交稻重于常规稻。浙江5月中下旬和7月上中旬为幼虫危害的高峰期。

　　防治方法：①越冬幼虫化蛹羽化前，及时清除田边及周边杂草。②合理密植，避免过多施用或迟施氮肥。③在发生较重的地区或年份，重点防治第一代，掌握成虫盛发期或幼虫盛孵期施药，或在秧苗2叶1心时施药。防治指标为秧田株害率在1%以上，本田株害率在3%～5%。药剂可选用75%灭蝇胺可湿性粉剂7～10克，或10%吡虫啉可湿性粉剂20～30克，或70%吡虫啉水分散粒剂3～4克。

（三）吸汁类害虫

褐飞虱

学名：*Nilaparvata lugens* (Stål)。

褐飞虱别名褐稻虱，属半翅目飞虱科。褐飞虱有远距离迁飞习性，是我国和许多亚洲国家当前水稻上的首要害虫。褐飞虱为单食性害虫，只能在水稻和普通野生稻上取食和繁殖后代。

形态特征：成虫有长翅型和短翅型两种。长翅型体长4～5毫米，黄褐、黑褐色，有油状光泽，颜面部有3条凸起的纵脊，中间一条纵脊不间断，雌虫腹部较长，末端呈圆锥形，雄虫腹部较短而瘦，末端近似喇叭筒状。短翅型成虫翅短，其余均似长翅型。卵产于稻株叶鞘组织中，卵帽外露，2至20粒为一卵块；卵块中卵粒前端单行排列，后端挤成双行，卵粒细长，微弯曲。若虫5龄，一龄灰白色；二龄淡黄褐色，无翅芽，后胸后缘平直，腹背面中央均有一淡色粗T形斑纹；三龄体褐至黑褐色，翅芽显现，第三节背上各出现1对白色蜡粉的三角形斑纹，似2条白色横线；四至五龄时体斑纹均似三龄，但体形增大，斑纹更明显，与短翅型成虫的区别是短翅型左右翅靠近，翅端圆，翅斑明显，腹背无白色横条纹。

褐飞虱长翅型雄成虫　　　　褐飞虱雌成虫　　　　褐飞虱短翅型成虫

危害状：成虫和若虫群集稻株茎基部刺吸汁液，并产卵于叶鞘组织中，致叶鞘受损出现黄褐色伤痕，形成大量伤口，促使水分由刺伤点向外散失。轻者水稻下部叶片枯黄，影响千粒重；重者生长受阻，叶黄株矮，茎上褐

褐飞虱卵块

褐飞虱产卵痕

褐飞虱一龄若虫

褐飞虱三龄若虫

褐飞虱五龄若虫

褐飞虱危害后叶片变黑

褐飞虱危害穗部

褐飞虱危害致使水稻下部叶片枯黄

褐飞虱危害造成"穿顶"

褐飞虱危害造成枯秆

晚稻后期褐飞虱严重危害造成全田倒伏

褐飞虱严重危害造成水稻基部变黑

褐飞虱严重危害状

色卵条痕累累，稻丛下部变黑，甚至死苗，毁秆倒状，形成枯孕穗或半枯穗，损失很大。一般群集于稻丛基部，密度很高时或迁出时出现于稻叶上。被害稻田常先在田中间出现"黄塘"，导致"穿顶"或"虱烧"，甚至全田黄枯，颗粒无收。此外，还传播或诱发水稻草状丛矮病和齿叶矮缩病，也有利于水稻纹枯病、小球菌核病的侵染危害。取食时排泄的蜜露，因富含各种糖类、氨基酸类，覆盖在稻株上，极易招来煤烟病菌的滋生。

发生规律：褐飞虱是一种迁飞性害虫，每年发生代数自北而南递增。海南1年发生12～13代，世代重叠，常年繁殖，无越冬现象。广东、广西、福建南部8～9代，贵州南部6～7代，江浙、贵州、福建5～7代，湖北4～5代，苏北、皖北、鲁南2～3代。短翅型成虫属居留型，长翅型为迁移型。长翅型成虫具趋光性，对嫩绿水稻趋性明显，成虫、若虫一般栖息于阴湿的稻丛下部，有明显的世代重叠现象。该虫喜温，生长发育适温为20～30℃，以26～28℃最为适宜，长江流域夏秋多雨，盛夏不热，晚秋不凉，则有利于褐飞虱的发生危害。褐飞虱迁入的季节遇有雨日多、雨量大利于其降落，迁入时易大发生，田间阴湿，生产上偏施、过施氮肥，稻苗浓绿，密度大及长期灌深水，利于其繁殖，受害重。

防治方法：①选用抗（耐）虫水稻品种，科学进行肥水管理，适时烤田，避免偏施氮肥，防止水稻后期贪青徒长，创造不利于褐飞虱滋生繁殖的生态条件。②生物防治。褐飞虱各虫期寄生性和捕食性天敌种类较多，除寄生蜂、黑肩绿盲蝽、瓢虫等外，还有蜘蛛、线虫、菌类，应保护利用，提高自然控制能力。③采用压前控后或狠治主害代的策略，选用高效、低毒、持效期长的农药，尽量考虑对天敌的保护，掌握在若虫二至三龄盛期施药。每亩可选药剂25%吡蚜酮可湿性粉剂25～30克加10%烯啶虫胺水剂150毫升，或80%烯啶·吡蚜酮水分散粒剂8～10克，或10%三氟苯嘧啶悬浮剂（佰靓珑）10～16毫升。稻田在施药期应保持适当的水层，以提高防效和延长药效期。

白背飞虱

学名：*Sogatella furcifera* (Horváth)。

白背飞虱属半翅目飞虱科，除危害水稻外，还危害小麦、玉米、甘蔗、高粱、粟、茭白、稗、游草、看麦娘等。白背稻虱亦属长距离迁飞性害虫其迁入时间一般早于褐飞虱。

　　形态特征：成虫有长翅型和短翅型两种。长翅型成虫体长 4 ~ 5 毫米，灰黄色，头顶较狭，突出在复眼前方，颜面部有 3 条凸起纵脊，脊色淡，沟色深，黑白分明，胸背小盾板中央长有 1 个五角形的白色或蓝白色斑，雌虫的两侧为暗褐色或灰褐色，而雄虫则为黑色，并在前端相连，翅半透明，两翅会合线中央有一黑斑。短翅型雌虫体长约 4 毫米，灰黄色至淡黄色，翅短，仅及腹部的一半。卵尖辣椒形，细瘦，微弯曲，初产时乳白色，后变淡黄色，并出现 2 个红色眼点。卵产于叶鞘或叶片中肋等处组织中，卵粒单行排列成块，卵帽不外露。若虫近梭形，初孵时乳白色，有灰斑，后呈淡黄色，体背有灰褐色或灰青色斑纹。

白背飞虱雄成虫
头及前胸背板放大

白背飞虱长翅型雄成虫

白背飞虱长翅型雌成虫

白背飞虱短翅型成虫

白背飞虱
产卵痕

白背飞虱卵

白背飞虱一龄若虫

白背飞虱三龄若虫

白背飞虱五龄若虫

危害状：以成虫和若虫群栖稻株基部刺吸汁液，造成稻叶叶尖褪绿变黄，严重时全株枯死，穗期受害还可造成抽穗困难，枯孕穗或穗变褐色，秕谷多等。

白背飞虱成虫群集

本田白背飞虱产卵严重危害造成枯鞘

发生规律：从北至南1年发生世代数2～11代不等，南岭和西南稻区6～8代，长江中下游及江淮稻区4～5代，北方稻区2～3代。白背飞虱是一种喜温暖的害虫，除终年繁殖区外，其余地区的初始虫源，全部或主要由异地迁入。白背飞虱在我国每年春夏自南向北迁飞，秋季自北向南回迁。因此虫源迁入期、频次和虫量与白背飞虱发生程度关系极为密切。成虫有趋光性、趋绿性和迁飞特性。凡生长茂密、叶色浓绿、较阴湿的稻田虫量多。成虫、幼虫多生活在稻丛基部叶鞘上，在稻株上的活动位置比褐飞虱和灰飞虱都高。卵多产于叶鞘肥厚部分组织中，尤以下部第2叶鞘内较多。白背飞虱发育的最适温度为22～28℃，相对湿度为80%～90%。以分蘖盛期、孕穗、抽穗期最为适宜，此时增殖快，受害重。杂交稻稻区以白背稻虱占绝对优势。成虫迁入期雨日多，有利于降落、产卵和若虫孵化。地势低洼、积水、氮肥过多的田块虫口密度最高。高肥田比低肥田稻飞虱虫口密度高 2 ~ 3 倍。栽培密度高、田间郁闭的田块发生重。

防治方法：实施连片种植，合理布局，防止白背飞虱迁回转移危害。选用抗（耐）虫水稻品种，进行科学肥水管理，做到排灌自如，防止田间长期积水，浅水勤灌，适时烤田，避免偏施氮肥，防止水稻后期贪青徒长。早稻收割前清除田边、沟边杂草。收割后，立即翻耕灌水，晚稻早插本田，采取田边喷药保护。早稻秧田平均每平方尺*有成虫 2 头以上、晚稻秧田有成虫 5 头以上需进行防治，防治时期以成虫迁入期和卵盛孵高峰期为宜。药剂防治要根据水稻品种类型和飞虱发生情况，采用压前控后或狠治主害代的策略，选用高效、低毒、持效期长的农药，尽量考虑对天敌的保护，掌握在若虫二至三龄盛期施药。本田当田间每百丛有稻飞虱 1 000 ~ 1 500 头，且以低龄若虫为主时，每亩可用 25% 噻嗪酮可湿性粉剂 50 ~ 75 克，或 10% 三氟苯嘧啶悬浮剂（佰靓珑）10 ~ 16 毫升；当田间以高龄若虫为主时，每亩可用 10% 吡虫啉可湿性粉剂 40 ~ 60 克，或 25% 噻虫嗪水分散粒剂（阿克泰）3 ~ 4 克，或 70% 吡虫啉水分散粒剂 7 ~ 8 克，加水 50 ~ 75 千克喷雾防治。注意农药交替使用，延缓害虫抗药性产生。

灰飞虱

学名：*Laodelphax striatellus* (Fallén)。

灰飞虱属半翅目飞虱科，以长江中下游和华北地区发生较多。危害水稻、小麦、大麦、玉米、高粱、甘蔗等禾本科植物，能传播水稻黑条矮缩病、水稻条纹叶枯病、小麦丛矮病、玉米粗缩病及条纹矮缩病等多种病毒病。

形态特征：成虫有长、短两种翅型。长翅型体长 3.5 ~ 4 毫米。前翅半透明，淡灰色，有翅斑。雌虫体黄褐色，雄虫黑褐色。雌虫小盾片中央淡黄色或黄褐色，两侧各有 1 个半月形深黄色斑纹；腹部肥大。雄虫小盾片全为黑色；腹部较细瘦。短翅型成虫体长 2.4 ~ 2.6 毫米，翅仅达腹部的 2/3，其余与长翅型相同。卵长约 0.7 毫米，长卵圆形，弯曲。初产时乳白色，后

---

*1 平方尺≈0.11 米²。——编者注

渐变灰黄色，近孵化时一端出现1对紫红色眼点。卵粒成簇或成双行排列，卵帽稍露出产卵痕，似鱼籽状。若虫共5龄，近椭圆形，初孵若虫淡黄色，后呈黄褐色至灰褐色，也有的呈红褐色，三至五龄若虫体灰黄至黄褐色，腹部背面有灰色云斑。第三、四腹节背面各有1对"八"字形浅色斑纹。

灰飞虱长翅型雄成虫

灰飞虱长翅型雌成虫

灰飞虱短翅型成虫

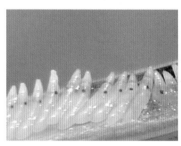
灰飞虱卵

灰飞虱低龄若虫放大

灰飞虱高龄若虫

危害状：成虫、若虫均以口器刺吸水稻汁液危害，一般群集于稻丛中上部叶片，近年发现部分稻区水稻穗部受害亦较严重，虫口大时，稻株汁液大量丧失而枯黄，同时因大量蜜露洒落附近叶片或穗子上而滋生霉菌，但较少出现类似褐飞虱和白背飞虱的"虱烧""穿顶"等症状。其危害性还在于能传播黑条矮缩病和条纹叶枯病等多种病毒病，故在有毒源作物的情况下常造成灾害。

发生规律：湖北、四川、江浙、上海1年发生5～6代，福建7～8代，北方4～5代，在福建、广东、广西、云南冬季3种虫态可见，其他地区多以三、四龄若虫在麦田、绿肥田、河边等处禾本科杂草上越冬。翌年早春旬均温高于10℃越冬若虫羽化。发育适温15～28℃，冬暖夏凉易发生。稻田出现远比褐飞虱、白背稻虱早。有较强的耐寒能力，但对高温适应性差。长翅型成虫有趋光性，但较褐飞虱弱。南方稻区越冬若虫一般在3月中旬至4月中旬羽化，于5月中下旬至6月上旬大量转移到稻田危害，成为水稻初侵染源，形成秧田及早栽大田的第一个发病高峰。

防治方法：狠治秧田灰飞虱，在灰飞虱迁入秧田高峰期用药防治，适期防治大田灰飞虱，在灰飞虱卵孵高峰期用药防治。每亩用25%噻虫嗪水分散粒剂（阿克泰）3～4克，或10%吡虫啉可湿性粉剂40～60克，或70%吡虫啉水分散粒剂7～8克，或25%吡蚜酮可湿性粉剂25～30克，或50%吡蚜酮水分散粒剂（顶峰）12～15克，或10%三氟苯嘧啶悬浮剂（佰靓珑）10～16毫升，虫量大时加40%毒死蜱乳油100毫升。秧田成虫防治，坚持速效药剂与长效药剂相结合，其他参考白背飞虱。

黑尾叶蝉

学名：*Nephotettix bipunctatus* (Fabricius)[异名：*N. cincticeps* (Uhler)]。

黑尾叶蝉属半翅目叶蝉科，危害水稻、茭白、慈姑、小麦、大麦、看麦娘、李氏禾、结缕草、稗草等。

形态特征：成虫体长4.5～5.5毫米，黄绿色或绿色，头顶前缘两复眼间有1条黑色横带，雄虫前翅端部1/3为黑褐色，形似"黑尾"，雌虫则为淡褐色或灰白色。卵长椭圆形，一端略尖，初产时白色半透明，后变淡黄褐色，近孵化时一端有1对红色眼点，卵粒单层整齐排列，每块有卵3～26粒。若虫5龄，中、后胸背面中央各有一倒"八"字形褐纹。

危害状：以针状口器刺吸水稻汁液，若虫多群集稻丛基部，成虫则在稻茎及叶片上危害，造成稻苗叶尖枯黄，严重时全株枯死；灌浆期群集穗部危害，造成半

黑尾叶蝉雄成虫

黑尾叶蝉雌成虫

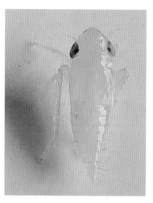

黑尾叶蝉低龄若虫　　　　黑尾叶蝉高龄若虫

枯穗或白穗。

发生规律：河南、安徽1年发生4代，江浙一带1年发生5～6代，湖南、江西6代，福建、广东7代，世代重叠，以三至四龄若虫和少量成虫在绿肥田及田边、塘边、河边等杂草上越冬。成虫趋光性强，并有趋嫩绿水稻产卵习性，若虫多栖息在稻株下部或叶片反面取食，有群集性，能传播水稻普通矮缩病、黄矮病和黄萎病。边行虫口密集，受害重。在病毒病流行地区，往往造成"镶金边"。夏季晴热、干旱、少雨年份，有利于猖獗发生。长江中下游以7月中旬至8月下旬发生量较大，主要在早稻生长后期、单季晚稻分蘖期和连作晚稻秧田及分蘖期危害。一般糯稻重于粳稻，粳稻重于籼稻。单、双季混栽区食料连续、丰富，发生量大，危害重。早栽、密植以及肥水管理不当而造成植株生长嫩绿、繁茂郁闭，田间湿度增大，有利于该虫发生。

防治方法：种植抗性品种。尽量避免混栽，减少桥梁田。加强肥水管理，提高稻苗健壮度，防止稻苗贪青徒长；注意保护利用天敌昆虫和捕食性蜘蛛。放鸭啄食。药剂防治必须采取治虫源、保全面，治前期、保后期，治秧田、保大田，治前季、保后季的防治措施。当百丛虫口达300～500头时，需在二至三龄若虫高峰期及时用药，药剂可选25%吡蚜酮可湿性粉剂25～30克，或80%烯啶·吡蚜酮水分散粒剂10～12克，或25%噻虫嗪水分散粒剂（阿克泰）2～4克。施药时田间保持浅水层2～3天，能兼治稻蓟马等。

电光叶蝉

学名：*Recilia dorsalis* (Motschulsky)。

电光叶蝉属半翅目叶蝉科，危害水稻、玉米、高粱、粟、甘蔗、小麦、大麦等，可传播水稻矮缩病、瘤矮病等。

形态特征：成虫体长3～4毫米，浅黄色，具淡褐色斑纹。头冠中前部

具浅黄褐色斑点2个，后方还有2个浅黄褐色小
斑点。小盾片浅灰色，基角处各具1个浅黄褐
色斑点。前翅浅灰黄色，其上具闪电状黄褐
色宽纹，色带四周色浓，特征相当明显。胸
部及腹部的腹面黄白色，散布有暗褐色斑点。
卵长1～1.2毫米，椭圆形，略弯曲，初白色，
后变黄色。若虫共5龄。末龄若虫体长3.5毫米，
黄白色。头、胸部背面，足和腹部最后3节的侧面褐

电光叶蝉

色，腹部一至六节背面各具褐色斑纹1对，翅芽达腹部第四节。

危害状：以成虫、若虫在水稻叶片和叶鞘上刺吸汁液，致受害株生长
发育受抑，造成叶片变黄或整株枯萎。

发生规律：浙江1年发生5代，四川5～6代，以卵在寄主叶背中脉组
织里越冬。长江中下游稻区9～11月危害最重，四川东部在8月下旬至10
月上旬，台湾6～7月和10～11月受害重。

防治方法：同黑尾叶蝉。

稻赤斑黑沫蝉

学名：*Callitettix versicolor* (Fabricius)。

稻赤斑黑沫蝉属半翅目沫蝉科，别名赤斑沫蝉。主要危害水稻，也危
害高粱、玉米、粟、甘蔗、油菜等。

形态特征：成虫体长11～13.5毫米，黑色略带光泽，头顶稍前突，小
盾片三角形，顶
有一个大的梭形
凹陷。前翅黑色，
近基部处各有两
个大白斑，中央
稍后外侧有一肾
形红斑，雌虫在
此斑内侧，尚有
一小红斑。卵长
椭圆形，乳白。

稻赤斑黑沫蝉雄成虫

稻赤斑黑沫蝉雌成虫

若虫共5龄，形似成虫，初为乳白，后变淡黑，体表周围有泡沫状液。

危害状：主要危害水稻剑叶，成虫刺吸叶部汁液，初现黄色斑点，叶尖先变红，后叶片上出现不规则红褐色条斑或中脉与叶缘间变红，后全叶干枯。孕穗前受害，常不易抽穗，孕穗后受害致穗形短小，秕粒多。

发生规律：河南、四川、江西、贵州、云南等省1年发生1代，以卵在田埂杂草根际或裂缝的3～10厘米处越冬。翌年5月中下旬孵化为若虫，在土中吸食草根汁液，二龄后渐向上移，若虫常从肛门处排出体液，放出或排出的空气吹成泡沫，遮住身体进行自我保护，羽化前爬至土表。6月中旬羽化为成虫，羽化后3～4小时即可危害水稻、高粱或玉米，7月受害重，8月以后成虫数量减少，11月下旬终见。一般分散活动，早、晚多在稻田取食，遇有高温强光则藏在杂草丛中，大发生时傍晚在田间成群飞翔。一般田边受害较田中心重。

防治方法：消灭越冬虫卵。可在秋末水稻收割后，结合冬耕将田块四周杂草铲除干净，危害重的地区，冬春结合铲草积肥或春耕沤田时，用泥封田埂，能杀灭部分越冬卵，同时可阻止若虫孵化。卵孵盛期即泡沫大量出现时，用适量干石灰粉，撒施于泡沫上(盖住、吸干泡沫为度)，也可用细炭灰、草木灰加50%辛硫磷乳油500倍液或20%三唑磷乳油600倍液撒施。人工诱杀，用麦秆或青草扎成30～50厘米长的草把，洒上糖醋混合液，在傍晚时均匀插在稻田四周，每亩插20把，翌日早上露水未干之前进行集中捕杀。药剂防治参考黑尾叶蝉。

稻蓟马

学名：*Stenchaetothrips biformis* (Bagnall)。

稻蓟马属缨翅目蓟马科，危害水稻、小麦、玉米、粟、高粱、蚕豆、葱、烟草、甘蔗等。

形态特征：成虫体长1～1.3毫米，黑褐色，头近似方形，触角7节。翅淡褐色、羽毛状。雌虫腹末锥形，雄虫较圆钝。卵肾形，黄白色。若虫共4龄，四龄若虫又称蛹，淡黄色，触角折向头与胸部背面。

危害状：成虫、若虫以口器锉破叶面，呈微细黄白色斑，叶尖两边向内卷折，渐及全叶卷缩枯黄，分蘖初期受害重的稻田，苗不长、根不发、无分蘖，甚至成团枯死。晚稻秧田受害更为严重，常成片枯死，状如火

稻蓟马成虫、若虫

稻蓟马成虫

稻蓟马卵

烧。穗期成虫、若虫趋向穗苞，扬花时，转入颖壳内，危害子房，造成空瘪粒。

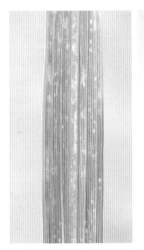

稻蓟马危害叶片呈现
半透明的斑点

稻蓟马危害后叶片叶边发黄

稻蓟马危害造成"镶金边"

发生规律：长江流域1年发生10～15代，福建中部约15代，广东15代以上。以成虫在杂草心叶内过冬，在广东可终年繁殖。稻蓟马生活周期短，发生代数多，世代重叠，多数以成虫在麦田、茭白及禾本科杂草等处

稻蓟马危害直播田早稻

水稻秧田稻蓟马严重危害状

稻蓟马危害造成叶尖纵卷

越冬。成虫白天隐藏，晨昏或阴天在叶面活动。有趋嫩绿禾苗产卵习性。卵散产在稻叶表皮组织内。初孵若虫先在心叶、叶腋处取食，随后分散。被害叶出现白色小斑，后叶尖渐纵卷而枯萎。若虫常群集秧苗危害。主要危害单季稻、连晚秧田，单季直播稻苗期。水稻品种混栽、提早栽插，可为稻蓟马提供食料条件，施肥过多，也加重危害。

水稻前期受害较重，水稻圆秆拔节后，大多转移到田边杂草或周边水稻秧苗上。秧苗期、分蘖期和幼穗分化期是蓟马的严重危害期，尤其是晚稻秧田和本田初期受害更重。稻蓟马的天敌主要有花蝽、微蛛、稻红瓢虫等。

防治方法：冬春季清除杂草，降低虫源基数。尽量避免水稻早、中、晚混栽，播种期和栽秧期相对集中，可减少稻蓟马繁殖桥梁田和辗转危害的机会。合理施肥，在施足基肥的基础上，适期适量追施返青肥，促使秧苗正常生长，减轻危害。播种前用药剂浸种，可在水稻种子破胸露白时，用10%吡虫啉可湿性粉剂按种子重量的0.2%～0.4%拌种后播种，或在种子沥干后按1～2千克种子拌10%吡虫啉可湿性粉剂10～15克播种或催芽后播种，可兼治稻飞虱、叶蝉等。重点抓好秧苗4～5叶期和本田稻苗返青期用药防治。一般秧田卷叶率10%～15%或百株虫量达100～200头，本田叶尖初卷率15％～25％或百株虫量达200～300头时，应进行防治。防治原则是狠治秧田，巧治大田；主攻若虫，兼治成虫。本田防治药剂每亩可选用10％吡虫啉可湿性粉剂20～30克，或70％吡虫啉水分散粒剂3～4克，对水50千克均匀喷雾。

稻绿蝽

危害水稻的蝽类主要属于半翅目的蝽科和缘蝽科，常见的有稻绿蝽、斑须蝽、稻梭形蝽、稻棘缘蝽、稻蛛缘蝽、稻细毛蝽、黑腹蝽、稻黑蝽，均属局部地区间歇性危害的害虫。

蝽类的危害状相似，以成虫、若虫刺吸水稻茎、叶和稻穗汁液，影响水稻生长、结实，以穗期受害造成损失最大；抽穗扬花期受害，花器凋萎变成空壳；灌浆乳熟期受害，重的成秕谷，轻的结实不良，降低米质。

学名：*Nezara viridula*（Linnaeus）。

稻绿蝽属半翅目蝽科，危害水稻、玉米、花生、棉花、豆类、十字花科蔬菜、油菜、芝麻、茄子、辣椒、马铃薯、柑橘、桃、李、梨、苹果等。

形态特征：稻绿蝽成虫有多种变型，体长12～16毫米，宽6～8毫米，椭圆形，基本色型为体、足全鲜绿色，头近三角形，触角第三节末及四、五节端半部黑色，其余青绿色。单眼红色，复眼黑色。前胸背板的角钝圆，前侧缘多具黄色狭边。小盾片长三角形，末端狭圆，基缘有3个小白点，两侧角外各有1个小黑点。腹面色淡，腹部背板全绿色。此外，还有点斑型，其全体背面橙黄到橙绿色，单眼区域各具1个小黑点，一般情况下不

稻绿蝽成虫　　　　　　　　稻绿蝽不同体色若虫

太清晰。前胸背板有3个绿点，居中的最大，常为棱形。小盾片基缘具3个绿点，中间的最大，近圆形，其末端及翅革质部靠后端各具1个绿色斑。黄肩型与稻绿蝽代表型很相似，但头及前胸背板前半部为黄色，前胸背板黄色区域有时橙红、橘红或棕红色，后缘波浪形。卵环状，初产时浅褐黄色。卵顶端有一环白色齿突。若虫共5龄，形似成虫，绿色或黄绿色，前胸与翅芽散布黑色斑点，外缘橘红色，腹缘具半圆形红斑或褐斑。足赤褐色，跗节和触角端部黑色。

发生规律：以成虫在松土下或田边杂草根部及各种寄主上或背风荫蔽处越冬。在浙江1年发生1代，广东1年可发生3～4代，田间世代整齐。翌年3～4月，越冬成虫陆续迁入附近早播早稻、麦类及杂草上产卵，若虫完成发育后如正值水稻扬花期，大量迁入稻田危害稻穗，水稻黄熟后又迁入周边杂草与花生、芝麻、豆类等植物上。成虫趋光性强，卵多产于叶背、嫩茎或穗、荚上。若虫孵化后先群集于卵块周围，二龄后分散，水稻穗期多集中于穗部危害，分蘖期多于稻株基部危害。

防治方法：冬春季结合积肥清除田边附近杂草，水稻抽穗前放鸭食虫。虫量较大时，在低龄若虫期可喷洒10%吡虫啉可湿性粉剂20克，或5%啶虫脒可湿性粉剂20～25克。

稻棘缘蝽

学名：*Cletus trigonus*（Thunberg）。

稻棘缘蝽属半翅目缘蝽科，危害水稻、麦类、玉米、粟、棉花、大豆、柑橘、茶、高粱等。

形态特征：体长9.5～11毫米，宽2.8～3.5毫米，体黄褐色，狭长，刻点密布。头顶中央具短纵沟，头顶及前胸背板前缘具黑色小粒点，触角第一节较粗，长于第三节，第四节纺锤形。复眼褐红色，单眼红色。前胸背板多为灰褐色，侧角细长，稍向上翘，末端黑。卵长1.5毫米，似杏核，全体具珠光色泽，表面生有细密的六角形网纹，卵底中央具1圆形浅凹。若虫共5龄，三龄前长椭圆形，四龄后长梭形，五龄黄褐色带绿，腹部具红色毛点，前胸背板侧角明显生出，前翅芽伸达第四腹节前缘。

发生规律：湖北1年发生2代，江西、浙江3代，以成虫在杂草根际越冬，江西越冬成虫3月下旬出现，4月下旬至6月中下旬产卵。第一代若

稻棘缘蝽成虫

稻棘缘蝽若虫

虫5月上旬至6月底孵出，6月上旬至7月下旬羽化，6月中下旬开始产卵。第二代若虫于6月下旬至7月上旬始孵化，8月初羽化，8月中旬产卵。第三代若虫8月下旬孵化，9月底至12月上旬羽化，11月中旬至12月中旬逐渐蛰伏越冬。广东、云南、广西南部无越冬现象。卵产在寄主的茎、叶或穗上，多散生在叶面上，也有2～7粒排成纵列，早熟或晚熟生长茂盛的稻田易受害，喜聚集在稻、麦的穗上吸食汁液，造成秕粒。近塘边、山边及与其他禾本科、豆科作物近的稻田受害重。

防治方法：参考稻绿蝽。

稻蛛缘蝽

学名：*Leptocorisa acuta* (Thunberg)。

稻蛛缘蝽属半翅目缘蝽科，别名大稻缘蝽、稻穗缘蝽、异稻缘蝽，危害水稻、玉米、豆类、小麦、甘蔗及多种禾本科杂草。

形态特征：成虫体长16～19毫米，宽2.3～3.2毫米，草绿色，体上黑色小刻点密布，头长，侧叶比中叶长，向前直伸。头顶中央有1短纵凹。触角第一节端部略膨大。喙伸达中足基节间，末端黑。前胸背板长，刻点密且显著，浅褐色，侧角不突出，较圆钝。前翅革质部前缘绿色，其余茶褐色，膜质部深褐色。雄虫的抱器基部宽，端部渐尖削，略弯曲。卵黄褐至棕褐色，顶面观椭圆形，侧面看面平底圆，表面光滑。若虫共5龄。

发生规律：云南1年发生3～4代，海南文昌4代，广西4～5代，以成虫在田间或地边杂草丛中或灌木丛中越冬。在云南、海南越冬成虫3月中下旬开始出现，4月上中旬产卵，6月中旬二代成虫出现危害茭白和水

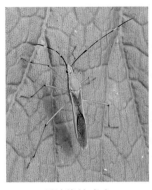

稻蛛缘蝽成虫　　　　　稻蛛缘蝽低龄若虫　　　　稻蛛缘蝽高龄若虫

稻，7月中旬进入三代，8月下旬发生四代，10月上中旬个别出现五代。成虫历期60～90天，越冬代180天左右。若虫期15～29天。成虫、若虫喜在白天活动，中午栖息在阴凉处，多在羽化后10天左右的白天交尾，2～3天后把卵产在叶面，昼夜都产卵，每块5～14粒排成单行，有时双行或散生，产卵持续11～19天，卵期8天，每雌产卵76～300粒。禾本科植物多时发生重。

防治方法：参考稻绿蝽。

稻黑蝽

学名：*Scotinophara lurida* (Burmeister)。

稻黑蝽属半翅目蝽科，主要危害水稻，也危害小麦、粟、玉米、甘蔗、豆类、马铃薯、柑橘等。

形态特征：长椭圆形，黑褐色至黑色。前胸背板前角刺向侧方平伸。小盾片舌形，末端稍内凹或平截，长几达腹部末端，两侧缘在中部稍前处内弯。基部两侧各有1个浅色小点。卵近短桶形，四周有小齿状的呼吸精孔突40～50枚，

稻黑蝽卵

稻黑蝽成虫

卵壳网状纹上具小刻点，被有白粉。一龄若虫头、胸褐色，腹部黄褐色或紫红色，节缝红色，腹背具红褐色斑，体长1.3毫米。三龄若虫暗褐至灰褐色，腹部散生红褐色小点，前翅芽稍露，体长3.3毫米。五龄若虫头部、胸部浅黑色，腹部稍带绿色，后翅芽明显，体长7.5～8.5毫米。

发生规律：江苏、浙江1年发生1代，江西2代，广东2～3代。以成虫，少数以高龄若虫在石块下、土缝内5～10厘米处或杂草根际、稻桩间、树皮缝等处越冬。翌年初夏出蛰，群集在水稻上危害。成虫、若虫喜在晴朗的白天潜伏在稻丛基部近水面处，傍晚或阴天上到叶片或穗部吸食，把卵聚产在稻株距水面6～9厘米处的叶鞘上，卵块多14粒，排成2行。生长旺盛、叶色浓绿的早播田，丘陵、山区垄田发生较重。天敌主要有稻蝽黑卵蜂、白僵菌、蜘蛛、青蛙等。

防治方法：一般不成灾，不需要防治。个别严重的地区，冬春季清除田边杂草，减少虫源数量；虫量较大时，可选用吡虫啉、啶虫脒、噻虫嗪进行防治。

麦长管蚜

学名：*Sitobion miscanthi* (Takahashi)。

麦长管蚜属半翅目蚜科，别名麦蚰、腻虫、蚁虫，主要危害小麦、大麦、燕麦，在南方偶危害水稻、玉米、甘蔗等。

形态特征：有翅孤雌蚜体椭圆形，绿色，触角黑色，第三节有8～12个感觉圈排成一行，喙不达中足基节。腹管长圆筒形，黑色，端部具15～16行横行网纹，尾片长圆锥状，有8～9根毛。无翅成蚜体形长卵形，腹部淡绿至绿色，有的呈红黄色。腹管长筒形，黑色，端部有网状

麦长管蚜有翅型成虫

麦长管蚜无翅型成虫

水稻苗期麦长管蚜危害状

纹。尾片色浅，有毛7～8根，有翅蚜翅中脉分支2次。触角第三节长0.66毫米，有感觉圈10～13个。若蚜与成蚜身体形态相似，但体形小。

危害状：以成虫和若虫刺吸水稻茎、叶、嫩穗汁液，影响生长发育，并形成一些刺吸性坏枯斑，严重时可连成片，导致叶片枯黄。同时由于分泌蜜露，常引致煤污病发生，影响光合作用。水稻被害后，轻则生育期延缓，稻株发黄早衰，尤其水稻穗部受害，造成千粒重降低，重则谷粒干瘪，甚至不能开花结实而枯萎。

发生规律：麦长管蚜1年发生20～30代，在多数地区以无翅孤雌成蚜和若蚜在麦株根际或四周土块缝隙中越冬，有的可在背风向阳麦田的麦叶上继续生活。浙江稻区翌年3～4月，越冬蚜虫在越冬寄主上取食、繁殖，至5月上旬虫口达到高峰，5月中旬后，小麦、大麦逐渐成熟，蚜虫开始到早稻田危害，进入梅雨季节后，虫量开始减少，大多产生有翅胎生蚜迁至河边、山边及玉米、高粱上栖息或取食，此后出现高温干旱，则进入越夏阶段。9～10月天气转凉，杂草开始衰老，正值晚稻穗期，最适于麦长管蚜取食危害，因此晚稻常遭受严重危害。春、秋两季出现两个高峰，夏季和冬季蚜量少。一般干旱少雨气候，有利于蚜虫的发生。邻近水稻的小麦田中蚜虫多，迁入稻田的虫量也多，常发生重，杂草多、贪青晚熟的水稻田蚜虫发生重。

防治方法：①清除田边、沟边杂草，铲草积肥。②注意稻田附近麦田上的蚜虫发生动态，如麦长管蚜发生重，应立即防治，防止其迁入稻田危害。③加强水肥管理，实行科学灌水，防止过量施用氮肥或迟施而贪青，促进水稻健壮。④在水稻蚜虫发生时，当有蚜株率达10%～15%，每株平均有蚜虫5头以上时，如当时不防治其他害虫，应立即用药防治，如要防治其他害虫可用兼治蚜虫的药剂。药剂可用10%吡虫啉可湿性粉剂20克，或5%啶虫脒超微粉10克，或25%噻虫嗪水分散粒剂1克，或10%三氟苯嘧啶悬浮剂（佰靓珑）10～16毫升，对水30千克喷雾，进行防治。

（四）食根类害虫

稻象甲

学名：*Echinocnemus squameus* Billberg。

稻象甲属鞘翅目象虫科，危害水稻、瓜类、番茄、大豆、棉花，成虫偶食麦类、玉米、油菜等。

形态特征：成虫体长5毫米，暗褐色，体表密布灰褐色鳞片。头部伸长如象鼻，触角黑褐色，末端膨大，着生在近端部的象鼻嘴上，两翅鞘上各有10条纵沟，下方各有一长形小白斑。卵椭圆形，初产时乳白色，后变为淡黄色半透明而有光泽。幼虫长9毫米，蛆形，稍向腹面弯曲，体肥壮，多皱纹，头部褐色，胸、腹部乳白色，很像一颗白米饭。蛹长约5毫米，初乳白色，后变灰色，腹面多细皱纹。

稻象甲成虫

危害状：成虫以管状喙咬食秧苗茎叶，被害心叶抽出后，轻的呈现一横排小孔，重

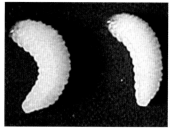

稻象甲幼虫

稻象甲危害造成孔洞

稻象甲危害状

的秧叶折断，漂浮于水面。幼虫食害稻株幼嫩须根，致叶尖发黄，生长不良。严重时不能抽穗，或造成秕谷，甚至成片枯死。

发生规律：在浙江1年发生1代，江西、贵州部分1代，多为2代，广东2代。主要以成虫在松土或土缝内、田边杂草及落叶下越冬。幼虫也能越冬，个别以蛹越冬。幼虫、蛹多在土表3～6厘米深处的根际越冬。浙江每年4月下旬开始迁入早稻秧田和本田，5月和7月是成虫发生高峰期，一般在早稻返青分蘖期危害最烈，尤其以田块边缘受害较重。江西越冬成虫则于5月上中旬产卵，5月下旬一代幼虫孵化，7月中旬至8月中下旬羽化。二代幼虫于7月底至8月上中旬孵化，部分于10月化蛹或羽化后越冬。成虫早晚活动，白天躲在秧田或稻丛基部株间或田埂的草丛中，有假死性和趋光性。卵产于稻株近水面3厘米左右处，成虫在稻株上咬一小孔产卵，每处3～20粒不等。幼虫孵出后，在叶鞘内短暂停留取食后，沿稻茎钻入土中，一般都群聚在土下深2～3厘米处，取食水稻的幼嫩须根和腐殖质，一丛稻根处多的有虫几十条。老熟后在稻根附近土下3～7厘米处筑土室化蛹。

一般通气性好和含水量较低的旱田、干燥田、旱秧田、沙质田易受害。春暖多雨，利于其化蛹和羽化，早稻分蘖期多雨利于成虫产卵。一般丘陵、半山区比平原发生多，高燥田比低洼田发生多，沙质土比黏质土发生多。

防治方法：①注意铲除田边、沟边杂草。②春耕沤田时多耕多耙，使土中蛰伏的成、幼虫浮到水面上，再把虫捞起深埋或烧毁。③可结合耕田，排干田水，然后撒石灰或茶籽饼粉40～50千克，可杀死大量虫口。④受害严重的地区，可采取治成虫控幼虫的防治策略，稻象甲成虫防治适期在成虫盛发高峰期，幼虫防治适期在卵孵化高峰期至幼虫入土初期。在成虫盛发期用药，一般在早稻栽后7～10天，晚稻栽后5～7天，或可见到受成虫危害的稻叶时喷药。每亩可选用药剂20%三唑磷乳油100毫升，或40%辛硫·三唑磷乳油（稻久）60～80毫升，或50%辛硫磷乳油75～100毫升。

稻水象甲

学名：*Lissorhoptrus oryzophilus* Kuschel。

稻水象甲属鞘翅目象甲科，为全国二类检疫性害虫，原产北美洲。

形态特征：雌成虫体长2.6～3.8毫米，宽约1.5毫米，体表被覆淡绿色至灰褐色鳞片，自前胸背板的端部到基部，有一个由黑色的鳞片组成的广口瓶状的暗斑，在鞘翅基部向下延伸至鞘翅约3/4处形成一个不整齐的黑斑。中足胫节两侧各有一列白色长毛(游泳毛)，胫节末端有钩状突起或内角突起。幼虫为无足型，白色，老熟幼虫体长约8毫米，腹节9节，第二至七腹节的背面各有一对长而略向前弯的钩状突起(气门)，在幼虫淹水时得以从根内和根周围获得空气(稻水象甲幼虫的重要特征)。老熟幼虫先在寄主根系上作土茧，然后在土茧中化蛹。卵圆形，表面光滑。蛹白色，大小和成虫相似，但喙紧贴于胸部，复眼黑色。

稻水象甲成虫

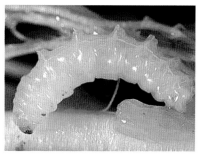

稻水象甲幼虫

危害状：成虫啃食水稻叶肉，幼虫食害稻根，植株矮小，分蘖减少，极易拔起，危害严重时，稻根被吃光，植株枯死。

发生规律：北方稻区1年发生1代，南方1年发生2代，以成虫在田边、草丛、树林落叶层中越冬。翌春气温回升后，成虫开始取食杂草或玉米、小麦、茭白。浙江稻区在4月下旬开始迁入早稻秧田和本田。河北于5月开始迁入稻田，5月下旬为迁入高峰。成虫有强趋光性，黄昏时爬至叶片尖端，在水下的植物组织内产卵，卵多产于浸水的叶鞘内。初孵幼虫取食叶肉1～3天，后落入水中蛀入根内危害，老熟幼虫附着于根际，营造卵形土茧后化蛹，羽化成虫从附着在根部上面的蛹室爬出，取食稻叶或杂草的叶片。成虫有较强的飞行能力，也可借风力或水流作远距离自然扩散。水稻秧苗和稻草可携带卵、初孵幼虫和成虫作远距离传播。成虫还可以随稻种、稻谷、稻壳及其他寄主植物、交通工具等进行远距离传播。早稻受害明显重于晚稻。

防治方法：①严格实行植物检疫，控制该虫向非疫区扩散。②水稻收获后，还有很多成虫残留在稻茬或稻田土层内越冬，及时翻耕土地，可降低其越冬存活率。③利用灯光诱杀技术压低虫源。④设置防虫网阻止稻水象甲迁移进入稻田或覆膜无水栽培，减少稻株上的落卵量。⑤保护捕食性天敌，如稻田、沼泽地栖息鸟类、蛙类、淡水鱼类、结网型和游猎型蜘蛛、步甲等可猎食各种虫态稻水象甲的天敌。⑥化学防治。以防治越冬代成虫为主，可针对秧田期、大田期及越冬场所分成三个防治阶段。每亩可选用药剂20%三唑磷乳油（稻富）100毫升，或40%辛硫·三唑磷乳油（稻久）60～80毫升，或50%辛硫磷乳油75～100毫升，或4%醚菊酯胶悬剂（多来宝）80～100毫升，或20%除虫脲悬浮剂20～30毫升喷雾。

长腿食根叶甲

长腿食根叶甲成虫

学名：*Donacia provosti* Faimaire。

长腿食根叶甲属鞘翅目叶甲科，别名稻食根虫、食根蛆、车兜虫、饭米虫、饭豆虫、下涝虫，可危害稻根、茭白、莲藕等，是丘陵山区冷水田和低洼积水田的水稻害虫。

形态特征：成虫体长6～9毫米，绿褐色，具金属光泽。头部铜绿至紫黑色，两复眼间有一短纵沟。触角不完全棕色，一般各节基部棕红或淡棕色，端部黑褐色。前胸背板近方形；鞘翅底色棕黄或棕栗，带绿色光泽，具刻点，呈平行纵沟，翅端截平。腹面被银色毛。足红或淡棕，后足腿节近端部有1刺。卵长1毫米，长椭圆形而扁平，卵块上覆白色透明胶状物。幼虫长9～11毫米，白色蛆状，头小，胸、腹部肥

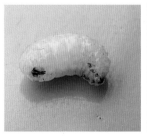

长腿食根叶甲幼虫

长腿食根叶甲预蛹

长腿食根叶甲茧

大，稍弯曲，胸足3对，无腹足。蛹长约8毫米，白色，外包褐色如小豆的胶质茧。

危害状：在水稻上主要以幼虫危害水稻须根，受害水稻生长不良，叶片枯黄，植株矮小，穗短，青粒多，严重的稻根被咬断，容易拔起，甚至成片枯死。成虫可取食叶片。

发生规律：一般1年发生1代，北方部分地区1年多或2年发生1代，以幼虫在稻（藕）根、节间或有水的土下16～30厘米处越冬。翌年土温稳定在18℃以上，幼虫爬至土表危害，土温23℃危害最盛。苏北4月下旬至5月上旬幼虫开始取食，5～8月化蛹，7月进入羽化和成虫产卵盛期，7月下旬至8月上旬进入孵化盛期，10月开始越冬；江西危害期则较前提早半个月左右。卵多产在眼子菜、稻、莲、长叶泽泻叶背面，卵期6～9天，多在中午或晚上8时孵化，其中下午2～6时最多，孵后下爬至土中危害嫩根，严重的1条地下茎有虫数十条，幼虫期10多个月，成熟后形成薄茧化蛹，成虫在土中羽化爬至水面，在叶片上停息，经1～3天即行交配和产卵，成虫有假死性，趋光不强，但很活泼。一般以一季中稻或晚稻受害重；眼子菜多的稻田，常虫量多，危害亦重。土壤干燥时，不利于幼虫发生危害。常年积水和排水不良的烂泥田、低洼田，有利于发生危害和越冬。

防治方法：①改造低洼积水田是防治该虫发生的有效途径；冬季排除水稻田、藕田、慈姑田积水，可使越冬虫口减少。②实行水旱轮作，清除田间杂草，翻地时把眼子菜、鸭舌草等水生植物压入泥中，每亩撒石灰100千克，再耕耙。③成虫盛发期用眼子菜等诱集成虫，产卵后集中烧毁或深埋。④重发地区，在危害初期进行根区土层施药，每亩撒茶籽饼粉20千克，也可每亩用5%辛硫磷颗粒剂3千克，或50%辛硫磷乳油160毫升，对水1.5千克稀释后均匀喷在30千克细干土或细沙中制成毒土，于午后或傍晚撒在放干水的稻田中，翌日放水深3.3厘米润田，3天后恢复正常水分管理。

稻田害虫天敌

　　每一种害虫，在其长期的历史发展过程中，都与许多天敌发生了密切关系，这些天敌对其数量的消长有着很大的影响，即天敌多时害虫就少，而天敌少时害虫就多。水稻田天敌种类多，数量大，资源丰富，对调节和抑制害虫的种群密度起到十分重要的作用。稻田害虫天敌分为寄生性天敌和捕食性天敌两大类，主要有蜘蛛、青蛙、步甲、隐翅虫、寄生蜂、蛇、鸟、线虫、花蝽、盲蝽、真菌、细菌和病毒等，其中最常见、最多的是蜘蛛。

黑肩盲蝽成虫

黑肩盲蝽低龄若虫（右下）与褐飞虱若虫

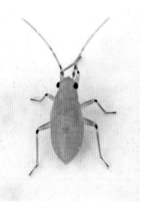

黑肩盲蝽高龄若虫

绒茧蜂成虫

绒茧蜂茧

绒茧蜂蛹

稻纵卷叶螟幼虫感染白僵菌

铜僵菌寄生稻纵卷叶螟幼虫状

鞍形花蟹蛛

八斑球腹蛛

八斑球腹蛛

草间小黑蛛

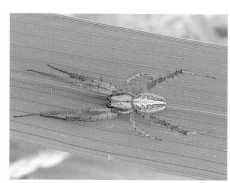

茶色新园蛛

沟渠豹蛛

横纹金蛛

华丽肖蛸

黄金拟肥蛛若蛛

灰斑新园蛛

霍氏新园蛛

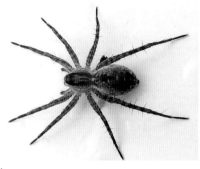

拟环纹豹蛛

拟环纹豹蛛若蛛

拟环纹豹蛛若蛛　　　　　　　　　　四点亮腹蛛雌蛛

线纹猫蛛

斜纹猫蛛

圆尾肖蛸

锥腹肖蛸

锥腹肖蛸

锥腹肖蛸若蛛

纵条蝇狮

稻田主要杂草及其防除

（一）稻田杂草种类

水稻田间杂草比较复杂，总共约有49科116属170余种，按胚中子叶的数目可分为单子叶和双子叶，按生长年限可分为一年生和多年生，在水稻田一般可将杂草大致分类为：

1.禾本科杂草：稗草、双穗雀稗、马唐、牛筋草（蟋蟀草）、千金子、看麦娘、日本看麦娘、野黍、早熟禾、稻李氏禾等。

2.莎草科杂草：水莎草、异型莎草、碎米莎草、日照飘拂草、三棱草、萤蔺、野荸荠、牛毛毡、香附子等。

3.阔叶杂草：陌上菜、节节菜、丁香蓼、耳叶水苋、鳢肠、水竹叶、鸭舌草、矮慈姑、眼子菜、泽泻、空心莲子草、四叶萍、浮萍、水绵、雨久花、小藜。

早稻本田前期稗草严重危害状

直播稻分蘖期稗草（苗期）危害状

稻田成熟期稗草危害状

稗草穗期

光头稗

双穗雀稗

双穗雀稗

千金子苗期

千金子生长期

千金子穗期

千金子生长后期严重危害直播稻

李氏禾生长前期

李氏禾生长后期

看麦娘

马唐

牛毛毡

鸭舌草生长前期

鸭舌草花期

鳢肠

鳢肠花期

水竹叶

水花生

水花生危害直播稻

节节菜

稻田中节节菜危害状

矮慈姑

丁香蓼苗期

丁香蓼危害直播稻

丁香蓼危害状

眼子菜

陌上菜

四叶萍

槐叶萍

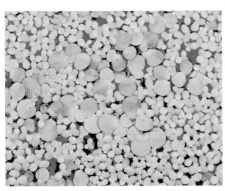

稻田浮萍

酢浆草

田菁

野荸荠

碎米莎草生长前期

碎米莎草穗期

异型莎草苗期

异型莎草球状花序

水莎草苗期

水莎草穗期

（二）稻田杂草防除

1.秧田除草

（1）苗前除草：

①每亩可用30％丙草胺乳油100毫升，或用40％丙·苄可湿性粉剂45克，于种子催芽播种后2～4天用药，不催芽播种的在播后3～5天进行，

白鳞莎草

对水30千克，均匀喷施。用药后3天内田面应保持湿润状态。

②旱育秧田除草：每亩用60％丁草胺乳油75～100毫升，或用37.75％杀·苄可湿性粉剂150克，于播后苗前对水50千克均匀喷雾，喷药时应保持土壤湿润，以确保防效。注意种子不要裸露，不重喷，育秧期间秧板不要积水。

③半旱育秧田除草：每亩可用60％丁草胺乳油75毫升，拌毒土20千克于播种前3天撒施。或在种子催芽播种后2～4天(秧苗扎根)，排干田水，再用40％丙·苄可湿性粉剂30～40克，对水50千克均匀喷雾，施药后2天内保持田板湿润，2天后灌浅水。

（2）苗后除草：

①以阔叶杂草、莎草为主的小苗二段秧田，于寄秧成活后(一般在2叶

1心期），每亩选用10%苄磺隆可湿性粉剂15克或10%吡嘧磺隆可湿性粉剂10~15克，施药时秧田需保持浅水层并保水5~7天。或在杂草长至3~4叶期每亩用48%灭草松水剂（宇龙阔丹）100毫升，对水40千克喷雾。

②稗草、阔叶草、莎草混生或以稗草为主的水秧田，在稗草出水面前（一般秧苗3叶期）选用36%二氯·苄可湿性粉剂40~50克，或2.5%五氟磺草胺油悬浮剂50~60毫升，药前需排干秧板水，药后1天复水，并保水5~7天，如有千金子可加10%氰氟草酯乳油50~70毫升。或用96%禾草特乳油75毫升+48%灭草松水剂（宇龙阔丹）75毫升喷雾。

2.直播稻田除草

（1）播前或播后苗前：在整田结束后，泥浆还未沉淀的浑水状态下，用26%噁草酮乳油100~120毫升/亩，趁浑水甩施，施药后保持水层3~5天，落干后播种。或在种子催芽播种后2~4天内，用40%苄嘧·丙草胺可湿性粉剂45~60克，对水30~40千克对土壤均匀喷雾。播后施药时，田块要保持湿润，田沟内要有浅水，施药后3天内田板保持湿润状态，以后恢复正常田间管理；施药后当天或第二天若遇高温，造成畦面较干，第二天放"跑马水"。播种必须先催芽，要求根长一粒谷，芽长半粒谷。做到随整地，随播种。

（2）出苗后：在水稻2叶1心期（播种后15~20天，稗草1~3叶期），每亩可选用53%苄嘧·苯噻酰可湿性粉剂60~70克，或54%苯噻苄可湿性粉剂40~50克，或17%五氟·氰氟草酯油悬浮剂50~60毫升，于水稻返青后施用。或45%禾·苄细粒剂（农家富2号）150~180克拌细潮泥土或化肥均匀撒施。注意田块要平整，施药时，田块湿润、不积水，田沟内要有浅水，施药后3天内田板保持湿润，并做好平水缺，不要淹没秧苗心叶。

（3）茎叶处理：可选用的除草剂品种有10%双草醚悬浮剂、10%氰氟草酯微乳剂、2.5%五氟磺草胺油悬浮剂、6%五氟·氰氟草酯可分散油悬浮剂、10%噁唑酰草胺乳油等。具体参考机插稻田除草。

3.机插稻田除草

（1）翻耕前处理：对杂草较多的空闲田，翻耕前3~5天每亩用41%

草甘膦水剂150～200毫升，或74.7%草甘膦水分散粒剂150克，对水30～50千克喷雾进行播前封杀。

（2）插前处理：整田后机插前结合泥浆沉淀，趁田水尚浑浊时每亩用40%苄嘧·丙草胺可湿性粉剂60～80克，或39.8%五氟·丁草胺悬乳剂（稻悠）125毫升，对水15～20千克均匀喷雾或拌7.5千克细湿沙土均匀撒施，施药后保持3～5厘米水层封闭5天以上，待泥浆适度沉实后再插秧。

（3）插后杂草芽前：机插后5～7天，秧苗扎根活棵后，每亩用54%苄噻·苄可湿性粉剂40～50克，或46%苄嘧·苯噻酰可湿性粉剂60～80克，或20%苄嘧·丙草胺可湿性粉剂100克，或55%丙草·吡嘧磺隆可湿性粉剂50克，拌土或拌肥均匀撒施，然后保持心叶以下水层5～7天；也可在水稻返青后，稗草2叶前，每亩用39.8%五氟·丁草胺悬乳剂（稻悠）125毫升，水层保护5～7天，水深不要过秧心。机插后20天左右，每亩可用10%吡嘧磺隆可湿性粉剂10～20克或20%吡嘧·丙草胺可湿性粉剂80克拌土或拌肥撒施，施药后保持水层5～7天，严禁水层淹没水稻心叶。

（4）水稻生长期苗后茎叶喷雾补救除草：若因田间管理措施、天气状况、错过时机等导致稻田杂草仍然较多，或通过前期的杂草芽前封闭处理，效果不理想，最好在杂草2～3叶期进行补治，需根据不同草相选择对应的杂草茎叶处理剂进行补除。施药时稻田应排干水，药后24小时内灌水，避免在中午高温时用药。

①以稗草为主的田块：在稗草2～3叶期，每亩可选用2.5%五氟磺草胺油悬浮剂50～60毫升，对水30～40千克喷雾。施药前排干田水，药后1天复水并保水3～5天。

②以千金子为主的田块：在千金子2～3叶期，每亩可用10%氰氟草酯乳油50～60毫升，千金子每增加1叶需增加用药量10毫升，对水30～40千克喷雾。施药前排干田水，药后1天复水并保水3～5天。

③以千金子和稗草等禾本科杂草为主的田块：在千金子、稗草2～3叶期，每亩可用10%噁唑酰草胺乳油100～120毫升，或17%五氟·氰氟草酯可分散油悬浮剂50～60毫升，对水30～40千克茎叶喷雾。施药前排干田水，药后1天复水并保水3～5天。

④以莎草和阔叶杂草为主的田块：在播后30天左右，每亩用10%吡嘧磺隆可湿性粉剂20克，对水30～40千克喷雾或拌毒土。施药时应保证田

板湿润或有薄层水，施药后应保水5天以上。若莎草和阔叶草龄较高，在水稻分蘖末期至拔节前，在杂草5叶期左右、株高10厘米以下时，每亩用46%2甲4氯·灭草松可溶性液剂133～167毫升，或56%2甲4氯钠可溶粉剂60～70克对水30～40千克茎叶喷雾。草龄小时用推荐用量的下限，反之则用上限。施药前排干田水，药后1天复水并保水3～5天。喷药时尽量对准杂草，压低喷雾器的喷头，对草均匀喷雾，不得重喷、漏喷。应严格控制用药量，以防药害发生。

⑤马唐、千金子和稗草混生的田块：每亩用10%噁唑酰草胺乳油100毫升，对水20千克进行喷雾防除。

（5）注意事项：

①由于机插秧苗是小苗，对化学除草剂的耐受力差，要选择对小苗相对安全的除草剂，并且称量除草剂要准确，拌药施药要均匀，避免对小苗产生药害或影响除草效果。

②机插后苗弱，出现僵苗和病苗时要慎施除草剂，以免延长缓苗期。要适时施用，严格掌握施药时间。

③水能控制杂草萌发，因此，机插秧田面要平整、保水，栽插后要做到薄水活株、浅水化除，施用除草剂后需要在5～7天内不排水，不落干，以发挥"以水控草"的作用，缺水时应补灌至适当深度，以免降低药效。但机插秧苗矮小，不能灌深水层，要注意于药后缺水时及时向田中缓慢补水，确保除草效果。

④机插稻田除草不要使用乙草胺及其复配制剂。

4.移栽田除草

（1）翻耕前处理：同机插田。

（2）栽前处理：翻耕整田后，杂草未出苗时，留田水2～3厘米，结合施底肥，每亩用9%苄·异丙甲草胺细粒剂50克与化肥均匀撒施，然后平田，1～3天后可移栽，保水5～7天。也可在插前3天，用50%丁草胺100毫升加水50千克均匀喷洒，或拌肥料或毒土撒施，保水3天后移栽。沙性田、漏水田适当减少用量。或每亩用26%噁草酮乳油100～120毫升，趁泥水浑浊时甩滴全田，施药后保持水层3～4天后插秧。或每亩用30%苄嘧·丙草胺可湿性粉剂80～100克，或40%苄嘧·丙草胺可湿性粉剂

60 ~ 80克，对水30 ~ 40千克喷施，1天后插秧。

（3）移栽后施药：在机插后5 ~ 7天内，水稻秧苗返青后，每亩可选用10%异丙甲·苄细粒剂65 ~ 80克，或39.8%五氟·丁草胺悬浮剂125毫升，或25%苄·丁细粒剂（农得丰）160 ~ 240克，拌细土或化肥撒施，施药时田间有薄水层，保水3 ~ 5天后恢复正常管理。其他同机插田。

（4）水稻生长期杂草茎叶补除：同机插田。

（5）注意事项：

①注意田块的平整，特别是秸秆还田的田块，一定要平整到位，泥块要细小，以防未腐熟的高墩秸秆破坏药膜影响除草效果。

②合理选用除草剂，不要随意增加或减少用量，以免影响效果或产生药害。同时，注意田间排水和药雾对周边种植作物的影响，以免产生药害。

③药后如遇雨要及时清理沟系，打开缺口，防止积水淹没水稻心叶而产生药害。施药后当天或第二天遇大暴雨，应减量补施，药量掌握在原使用量的50%。

④对前期除草效果差，杂草发生量大的田块，要根据不同杂草种类，及时选用除草剂进行补除，对草龄较大的，可酌情增加药量。

⑤近年来，因二氯喹啉酸类药剂引起的药害事故频发，防除效果下降，且对后茬番茄等蔬菜药害明显，因此不提倡使用二氯喹啉酸类药剂，以确保水稻除草的安全高效。

⑥平田后不能及时栽插的田块，要先用药封闭，且要保水。以上药剂应根据杂草密度、生长期及抗性情况适当调整用药量。

附录1　两大类型病害的田间判断依据

	非传染性病害	传染性病害
发生发展	突发性：发病时间多数较为一致，往往有突然发生的现象。病斑的呈现也大多无病理程序，一开始，其形状、大小、色泽就较固定。在田间不易见到初、中、后期的病斑，病情也没有明显的轻、中、重的渐进过程	循序性：发病的时间、病情的发展和病斑的呈现均具有循序前进的过程。即先有发病基础，随后才有轻、中、重的逐渐蔓延加重过程；病斑出现具有初、中、后期的病理发展过程，在田间一般都可同时见到各个时期的病斑
田间分布	普遍性：一般是大面积、全田普遍发生，或在一丘田中成片、成块分布。常与气候、地形、土质、水、肥、用药、废气、废液等特殊条件有关。无发病中心，相邻植株的病情一般差异不大，甚至附近某些不同作物或杂草也表现出类似的病状	局限性：通常在一丘田中先有零星个别病株（叶），随后出现发病中心，再扩展蔓延。在重病中心有向外围逐步减轻的现象。发病早期，相邻植株，甚至同一株的不同分蘖中可找到一健株，即存在着病健株交错现象，就是在发病盛期，相邻病株的病情也往往有显著差异
病状表现	散发性：多数是整个植株呈现病状，即呈现全株性，如果出现点发性局部病斑，则往往在植株上的分布比较有规律性	点发性：绝大多数真菌、细菌引起点发性局部病斑，且在植株上分布多无明显的规律性。病毒病是全株性，但它多具初、中、后期的独特病状，且一般新嫩叶比老叶更为鲜明。线虫病大多是全株呈现生育不良
病征特点	无病征：仅有病状，绝无病征	有病征：除病毒病和线虫病外，真菌性病害在病部泌有霉状物、锈状物、粉状物、小黑点、棉絮状物、颗粒状物等，有些细菌性病害在病部溢出菌脓

附录2　四大类型传染性病害的田间判断依据

	病状	病征	田间分布及发病条件	传播和侵染
真菌病害	多数是点发性病害。以茎、叶、花、果上产生各种各样的局部斑最为常见，如斑点、条斑、枯焦、炭疽、疮痂、溃疡等；其次是凋萎、腐烂以及各种变态、矮化等畸形	病部中、后期大多长有霉状物、霜霉状物、粉状物、锈状物、棉絮状物、颗粒状物等	发病初期常有发病中心。多有随风向传播蔓延趋势。阴雨高湿、苗势嫩绿、披叶郁蔽、土质黏重、排水不良等都有利于多数病害的发生	主要借气流（风）和雨水溅射而传播，少数真菌（如锈菌）还可通过高空远程传播。真菌孢子落到寄主上，萌发芽管直接贯穿表皮侵入，或经由伤口和自然孔口侵入，在生长季节中，病菌繁殖迅速，重复侵染多次发生，病害得以蔓延扩大

（续）

	病状	病征	田间分布及发病条件	传播和侵染
细菌病害	主要表现为组织坏死(斑点和叶斑)和萎蔫两大类型。多数是点发性病害。以条斑（平行脉）、角斑（网状脉）、腐烂、枯萎等类型最为常见。病部多呈水渍状，对光观察有透明感，腐烂组织常黏滑并有恶臭，枯萎组织的切口常泌出混浊液	病部在高湿或晨露未干时，分泌出淡黄色溢滴，即菌脓，干后呈鱼籽状小胶粒或呈发亮的菌膜平贴于病部表面	发病初期也有发病中心。多有随水流方向传播蔓延趋势。地势低洼、深水灌溉、苗势嫩绿、披叶郁蔽、特别是大风暴雨和水涝最有利于发病	植物病原细菌田间近距离传播主要通过雨水、灌溉水、流水、昆虫、线虫和人的农事操作活动等；而远距离传播则主要通过种子、种苗等繁殖材料的调运及人的商贸活动等。病原细菌接触寄主后，经由伤口或自然孔口(水孔为主)侵入致病。病原细菌由于繁殖迅速，在生长季节中辗转传播，不断进行重复侵染
病毒和植原体病害	多数是系统侵染的全株性病害。初发时常从植株个别叶片或枝条开始，随后发展至全株。以枯斑、花叶、黄化、矮缩、簇生、畸形等最为常见。一般嫩叶比老叶更为鲜明。易受外界影响而发生变化	病部外表不显露病征	分布分散，病健株明显交错，无发病中心，但田边四周有时常较重。病情常与某些昆虫发生有关，或随种植年限而加重。早种和干燥环境往往有利于多数病害的发生	除可通过汁液摩擦传染和嫁接传染外，许多病毒还能借昆虫介体而传染。在传毒虫媒中，以蚜虫和叶蝉最主要，特别是蚜虫，是许多蔬菜病毒病的传毒介体
线虫病害	多数是全株呈现营养不良的慢性病，叶片均匀发黄，生长衰弱，叶片稍萎垂，植株较矮小，根部变色或膨肿成瘿瘤。症状以局部畸形为主，危害部位大多数在地下根部，少数危害地上部叶片或籽粒	病部外表一般见不到病征	田间分布多随种植年限而加重，初发年份，田间常成团成块分布，以后多随土壤传播而分散。气候干燥利于症状的表现。通气性良好的沙壤土有利于发病	近距离传播主要通过土壤、水流、人畜活动和农具等。远距离传播主要借寄主植物种子(混有虫瘿的籽粒)及无性繁殖材料的调运

参 考 文 献

程家安, 1996. 水稻害虫 [M]. 北京: 中国农业出版社.

傅强, 黄世文, 2019. 水稻病虫害诊断与防治原色图谱 [M]. 北京: 机械工业出版社.

洪剑鸣, 张左生, 1983. 水稻生理性病害 [M]. 杭州: 浙江科学技术出版社.

江苏农学院植保系, 1978. 植物病害诊断 [M]. 北京: 农业出版社.

刘乾开, 朱国念, 1993. 新编农药使用手册 [M]. 上海: 上海科学技术出版社.

浙江农业大学, 1980. 农业植物病理学（上册）[M]. 上海: 上海科学技术出版社.

浙江农业大学, 1987. 农业昆虫学（上册）[M]. 上海: 上海科学技术出版社.

图书在版编目（CIP）数据

水稻病虫草害诊断与防治原色图谱/夏声广编著
. —北京：中国农业出版社，2021.3（2024.9重印）
（码上学技术.农作物病虫害快速诊治系列）
ISBN 978-7-109-27299-6

Ⅰ.①水… Ⅱ.①夏… Ⅲ.①水稻-病虫害防治-图
谱 Ⅳ.①S435.11-64

中国版本图书馆CIP数据核字（2020）第173083号

SHUIDAO BINGCHONGCAOHAI ZHENDUAN YU
FANGZHI YUANSE TUPU

中国农业出版社出版
地址：北京市朝阳区麦子店街18号楼
邮编：100125
责任编辑：阎莎莎　张洪光
版式设计：杜　然　责任校对：吴丽婷　责任印制：王　宏
印刷：北京中科印刷有限公司
版次：2021年3月第1版
印次：2024年9月北京第4次印刷
发行：新华书店北京发行所
开本：880mm×1230mm　1/32
印张：5
字数：165千字
定价：39.00元